영재학급, 영재교육원, 경시대회 준비를 위한

창의사고력 초등 수학 팩토

개념과 원리의 탄탄한 이해를
바탕으로 한 사고력만이
진짜 실력입니다.

이 책의 구성과 특징

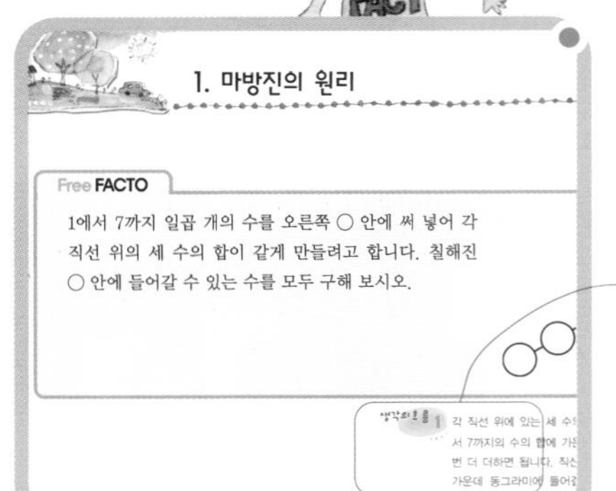

1. 마방진의 원리

Free FACTO

1에서 7까지 일곱 개의 수를 오른쪽 ○ 안에 써 넣어 각 직선 위의 세 수의 합이 같게 만들려고 합니다. 칠해진 ○ 안에 들어갈 수 있는 수를 모두 구해 보시오.

생각의 흐름 1 각 직선 위에 있는 세 수
서 7까지의 수의 합에 가
번 더 더하면 됩니다. 직선
가운데 동그라미에 들어
세우면

Free FACTO

창의사고력 수학 각 테마별 대표적인 주제 6개가 소개됩니다.

생각의 흐름을 따라 해 보세요!

해결의 실마리가 보입니다.

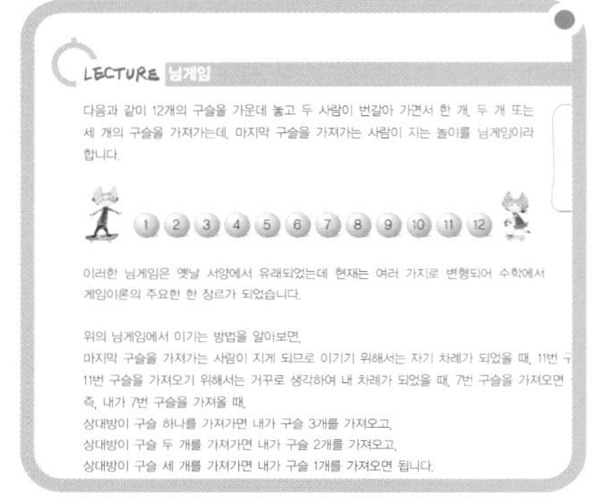

LECTURE 님게임

다음과 같이 12개의 구슬을 가운데 놓고 두 사람이 번갈아 가면서 한 개, 두 개 또는 세 개의 구슬을 가져가는데, 마지막 구슬을 가져가는 사람이 지는 놀이를 님게임이라 합니다.

1 2 3 4 5 6 7 8 9 10 11 12

이러한 님게임은 옛날 서양에서 유래되었는데 현재는 여러 가지로 변형되어 수학에서 게임이론의 주요한 한 장르가 되었습니다.

위의 님게임에서 이기는 방법을 알아보면,
마지막 구슬을 가져가는 사람이 지게 되므로 이기기 위해서는 자기 차례가 되었을 때, 11번
11번 구슬을 가져오기 위해서는 거꾸로 생각하여 내 차례가 되었을 때, 7번 구슬을 가져오면
즉, 내가 7번 구슬을 가져올 때,
상대방이 구슬 하나를 가져가면 내가 구슬 3개를 가져오고,
상대방이 구슬 두 개를 가져가면 내가 구슬 2개를 가져오고,
상대방이 구슬 세 개를 가져가면 내가 구슬 1개를 가져오면 됩니다.

Lecture

창의사고력 문제를 해결하는데 필요한 개념과 원리가 소개됩니다.

역사적인 배경, 수학자들의 재미있는 이야기로 수학에 대한 흥미가 송송!

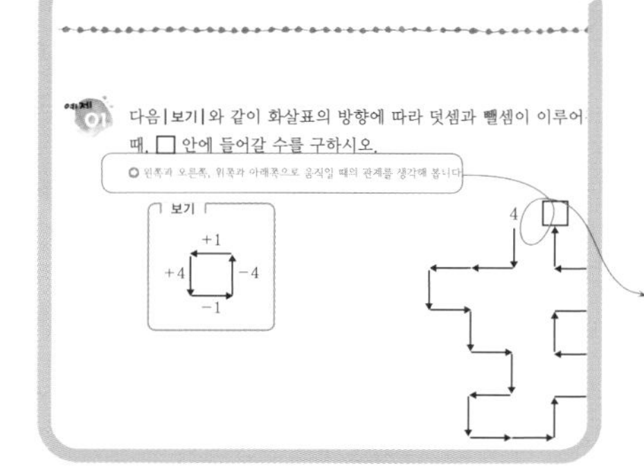

예제 01 다음 |보기| 와 같이 화살표의 방향에 따라 덧셈과 뺄셈이 이루어
때, □ 안에 들어갈 수를 구하시오.

○ 왼쪽과 오른쪽, 위쪽과 아래쪽으로 움직일 때의 관계를 생각해 봅니다.

Active FACTO

자! 그럼 예제를 풀어볼까?

자유롭게 자심감을 가지고 앞에서 살펴본 유형의 문제를 해결해 봅시다.

힘을내요! 힘을 실어주는 화살표가 있어요.

Creative FACTO

세 가지 테마가 끝날 때마다 응용 문제를 통한 한 단계 Upgrade!
탄탄한 기본기로 창의력을 발휘해 보세요.

Key Point
해결의 실마리가 숨어 있어요.

Thinking FACTO

각 영역별 6개 주제를 모두 공부했다면 도전하세요!
창의적인 생각이 논리적인 문제해결 능력으로 완성됩니다.

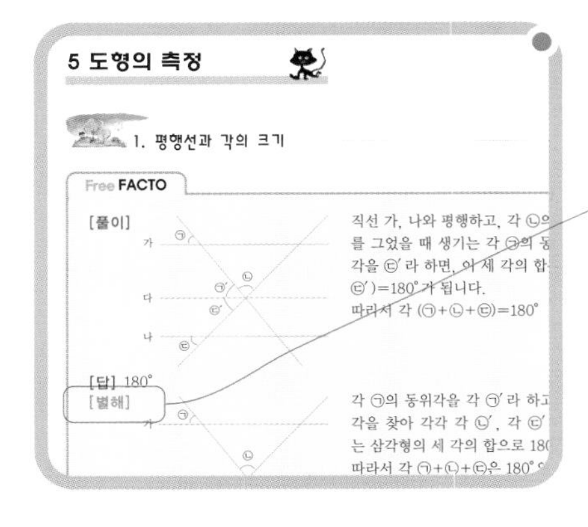

바른 답 · 바른 풀이

바른 답 · 바른 풀이와 함께
다른 풀이. 다양한 생각도 있습니다.

이 책의 차례

Ⅵ. 수론

Ⅶ. 논리추론

FACT
O

머리말

서로 다른 펜토미노 조각 퍼즐을 맞추어 직사각형 모양을 만들어 본 경험이 있는지요?

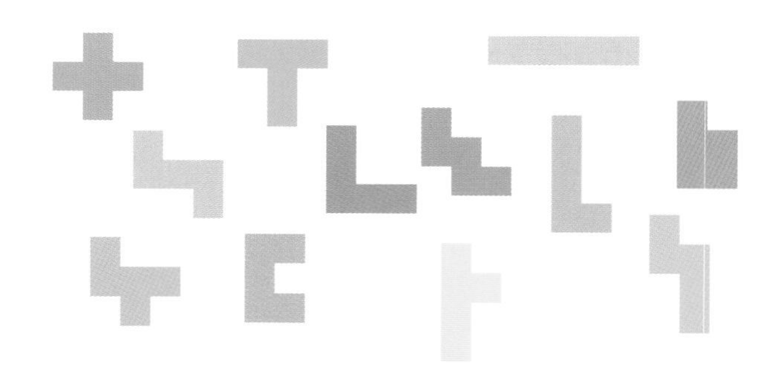

한참을 고민하여 스스로 완성한 후 느끼는 행복은 꼭 말로 표현하지 않아도 알겠지요. 퍼즐 놀이를 했을 뿐인데, 여러분은 펜토미노 12조각을 어느 사이에 모두 외워버리게 된답니다. 또 보도블럭을 보면서 조각 맞추기를 하고, 화장실 바닥과 벽면의 조각들을 보면서 멋진 퍼즐을 스스로 만들기도 한답니다.
이 과정에서 공간에 대한 감각과 또 다른 퍼즐 문제, 도형 맞추기, 도형나누기에 대한 자신감도 생기게 되지요. 완성했다는 행복감보다 더 큰 자신감과 수학에 대한 흥미가 생기게 되는 것입니다.

팩토가 만드는 창의사고력 수학은 바로 이런 것입니다.

수학 문제를 한 문제 풀었을 뿐인데, 그 결과는 기대 이상으로 여러분을 행복하게 해줍니다. 학교에서도 친구들과 다른 멋진 방법으로 문제를 해결할 수 있고, 중학생이 되어서는 더 큰 꿈을 이루는 밑거름이 되어 줄 것입니다.
물론 고민하고, 시행착오를 반복하는 것은 퍼즐을 맞추는 것과 같이 여러분들의 몫입니다. 팩토는 여러분에게 생각할 수 있는 기회를 주고, 그 과정에서 포기하지 않도록 여러분들을 도와주는 친구일 뿐입니다. 자 그럼 시작해 볼까요?
팩토와 함께 초등학교에서 배우는 기본을 바탕으로 창의사고력 10개 테마의 180주제를 모두 여러분의 것으로 만들어 보세요.

Ⅵ 수론

1. 고대의 수 2

Free FACTO

다음은 고대 로마의 수 표기 방법입니다.

Ⅰ	Ⅱ	Ⅲ	Ⅳ	Ⅴ	Ⅵ	Ⅶ	Ⅷ	Ⅸ	Ⅹ	L	C	D	M
1	2	3	4	5	6	7	8	9	10	50	100	500	1000

XLⅣ	CCLXⅧ	CDLXXXⅨ	DCCXⅨ
44	268	489	719

(1) 다음 고대 로마의 수를 현대의 수로 나타내어 보시오.

① CCCLXXⅥ　　② DCLXXⅡ　　③ CCXⅨ

(2) 다음 수를 고대 로마의 수로 나타내어 보시오.

① 156　　② 348　　③ 776

생각의 흐름

1 고대 로마의 수는 왼쪽부터 큰 숫자를 씁니다. 왼쪽에 더 작은 수가 있다면 그 수만큼 빼 주어야 합니다.

XL → 50−10=40
LXX → 50+10+10=70

2 4, 40, 400은 5, 50, 500에서 1, 10, 100을 빼는 방법으로 수를 나타내고, 9, 90, 900은 10, 100, 1000에서 1, 10, 100을 빼는 방법으로 수를 나타냅니다.

4(=5−1) → IV
40(=50−10) → XL
400(=500−100) → CD
9(=10−1) → IX
90(=100−10) → XC
900(=1000−100) → CM

다음은 고대 스위스에서 사용된 수입니다.

1	5	10	50	100	26	161	277
—	├	+	K	✳	[illegible]	[illegible]	[illegible]

(1) 다음 수를 현대의 수로 나타내시오.

① 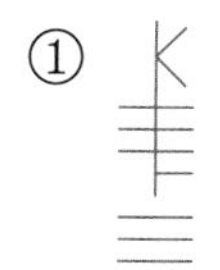

② 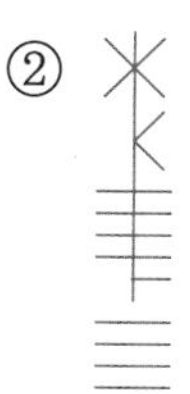

(2) 다음 수를 고대 스위스의 수로 나타내시오.

① 78

② 239

LECTURE 로마 숫자 표기법

고대 여러 나라에서는 각자의 수를 사용하였지만 현재는 모두 아라비아 숫자로 된 표기법을 사용하고 있습니다.
하지만 로마 숫자만큼은 시계 등 여러 곳에서 쓰이고 있음을 알 수 있습니다.
로마 숫자 표기법이 현재의 표기법과 크게 다른 점은 자리 구분이 없다는 것과 덧셈 또는 뺄셈의 원리로 이루어져 있다는 것입니다.
즉, 50의 왼쪽에 10을 쓰면 50－10＝40을 나타내고, 50의 오른쪽에 10을 쓰면 50＋10＝60을 나타내는 것입니다.

로마 숫자 표기법이 현재의 표기법과 가장 차이나는 점은 자리 구분이 없다는 것과 덧셈 또는 뺄셈의 원리로 이루어져 있다는 거야!

이것은 수를 기록할 때 조금이라도 간단하게 나타내려는 지혜에서 나온 것입니다.
하지만 현재의 수와 비교하면 너무나 복잡합니다.
지금 우리가 쓰고 있는 현대의 수가 얼마나 편리한지 다시 한 번 깨달을 수 있을 것입니다.

2. 수 만들기와 개수

Free FACTO

다음 숫자 카드 중에서 3장을 뽑아 만들 수 있는 세 자리 수 중에서 짝수는 모두 몇 개입니까?

0	3	2	7

생각의 흐름

1. 백의 자리 숫자가 7일 때 만들 수 있는 세 자리 수 중 짝수를 나뭇가지 그림을 그려서 구합니다.

백	십	일	
7	3	2	… 732
		0	… 730
	2	0	… 720
	0	2	… 702

2. 백의 자리 숫자가 3일 때 만들 수 있는 세 자리 수 중 짝수의 개수는 백의 자리가 7일 때의 그 개수가 같습니다. 백의 자리 숫자가 3인 세 자리 수 중 짝수의 개수를 구합니다.

3. 백의 자리 숫자가 2일 때 만들 수 있는 세 자리 수 중 짝수의 개수를 구합니다.

다음 숫자 카드를 한 번씩 사용하여 네 자리 수를 만들 때, 십의 자리 숫자가 7인 수는 모두 몇 개입니까?

천의 자리 숫자가 될 수 있는 숫자는 2, 5, 6입니다.

0	7	5	2	6

다음 5장의 숫자 카드 중에서 3장을 골라 세 자리 수를 만들 때, 210보다 작은 수는 모두 몇 개입니까?

210보다 작은 세 자리 수이므로 백의 자리에 3이나 0이 들어갈 수 없습니다.

0	1	1	2	3

LECTURE 만들 수 있는 수의 개수 구하기

2, 3, 4, 7을 한 번씩 써서 만들 수 있는 네 자리 수의 개수를 알아보면 천의 자리에 들어갈 수 있는 숫자는 2, 3, 4, 7로 네 가지입니다. 천의 자리 숫자가 2일 때 만들 수 있는 수를 나뭇가지 그림을 그려서 알아보면 다음과 같습니다.

천	백	십	일	
2	3	4	7	… 2347
		7	4	… 2374
	4	3	7	… 2437
		7	3	… 2473
	7	3	4	… 2734
		4	3	… 2743

따라서 천의 자리에 들어갈 수 있는 숫자는 2, 3, 4, 7 네 가지이므로 만들 수 있는 네 자리 수의 개수는 4×6=24(개)입니다.

3. 각 자리 숫자의 합

Free FACTO

각 자리 숫자의 합이 3이 되는 세 자리 수는 다음과 같이 6개입니다.

102　111　120　201　210　300

이와 같이 각 자리의 숫자의 합이 4가 되는 세 자리 수를 모두 구하시오.

생각의 흐름

1 각 자리의 숫자의 합이 4가 되는 세 수의 쌍을 구합니다.

2 각각의 세 수의 쌍을 이용하여 각 자리 숫자의 합이 4가 되는 세 자리 수를 모두 구합니다.

LECTURE 각 자리 숫자의 합

212에서 백의 자리 숫자는 2, 십의 자리 숫자는 1, 일의 자리 숫자는 2입니다.
따라서, 212의 각 자리 숫자의 합은 2+1+2=5입니다.
각 자리 숫자의 합이 5인 두 자리 수는 14, 23, 32, 41, 50으로 5개입니다.
각 자리 숫자의 합이 5인 세 자리 수는
먼저 세 수의 합이 5가 되는 세 수의 쌍은 다음과 같으므로

(0, 0, 5), (0, 1, 4), (0, 2, 3), (1, 1, 3), (1, 2, 2)

각각의 세 수의 쌍을 이용하여 세 자리 수를 만듭니다.

(0, 0, 5) → 500
(0, 1, 4) → 104, 140, 401, 410
(0, 2, 3) → 203, 230, 302, 320
(1, 1, 3) → 113, 131, 311
(1, 2, 2) → 122, 212, 221

각 자리 숫자의 합에 맞는 경우를 모두 찾은 다음, 각 경우에 만들 수 있는 수를 모두 구해 보면 돼!

10에서 200까지의 수 중에서 각 자리 숫자의 합이 5인 수를 모두 쓰시오. 모두 몇 개입니까?

➲ 두 자리 수와 세 자리 수로 나누어 구합니다.

100에서 500까지의 수 중에서 각 자리 숫자의 합이 9인 수는 모두 몇 개입니까?

➲ 백의 자리 숫자가 1, 2, 3, 4일 때로 나누어 생각합니다. 500의 경우는 주어진 수의 범위에 포함되지만 각 자리 숫자의 합이 5이므로 제외합니다.

보기

225 ➡ 2+2+5=9　　　108 ➡ 1+0+8=9

Creative 팩토

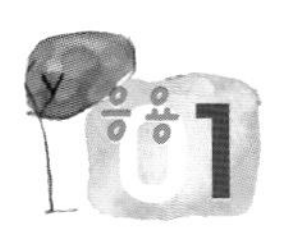

다음은 고대 로마의 수 표기 방법입니다.

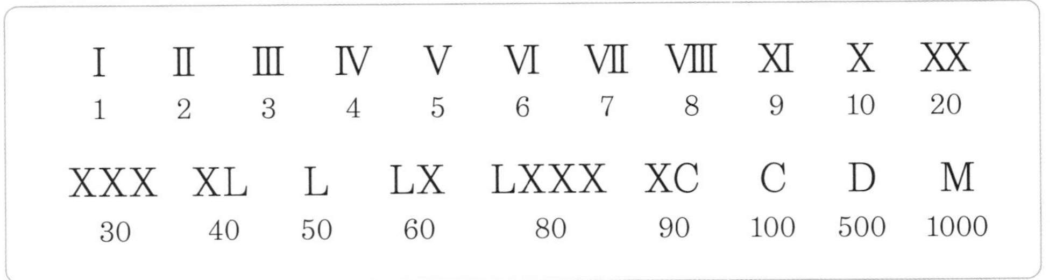

Ⅰ	Ⅱ	Ⅲ	Ⅳ	Ⅴ	Ⅵ	Ⅶ	Ⅷ	Ⅺ	Ⅹ	XX
1	2	3	4	5	6	7	8	9	10	20

XXX	XL	L	LX	LXXX	XC	C	D	M
30	40	50	60	80	90	100	500	1000

(1) 다음 고대 로마의 수를 현대의 수로 나타내시오.

① CCLXⅣ　　② CDXCⅦ

KeyPoint
4, 40, 90 등의 표기에 주의해야 합니다.

(2) 다음 수를 고대 로마의 수로 나타내시오.

① 724　　② 486

(3) 다음 덧셈을 하여 고대 로마의 수로 나타내시오.

① CLⅦ+CCLⅣ

② DXLⅣ+CCCXⅨ

KeyPoint
고대 로마의 수를 현대의 수로 나타내어 덧셈을 한 후, 다시 고대 로마 수로 나타냅니다.

다음 5장의 숫자 카드 중에서 3장을 골라 각 자리 숫자의 합이 8인 세 자리 수를 만들려고 합니다. 모두 몇 개 만들 수 있습니까?

1	2	3	4	5

KeyPoint

더해서 8이 되는 세 장의 카드를 찾습니다.

0, 2, 4, 7 네 개의 숫자를 써서 만들 수 있는 네 자리 수는 모두 몇 개입니까? (단, 같은 숫자를 여러 번 쓸 수 있습니다.)

KeyPoint

수의 맨 앞자리에는 0을 제외한 3개의 숫자만 쓸 수 있습니다.

1에서 6까지의 눈이 적힌 주사위 3개를 동시에 던져서 나온 눈의 수로 세 자리 수를 만들 때, 220보다 크고 440보다 작은 수는 모두 몇 개 만들 수 있습니까?

KeyPoint

조건에 맞는 가장 작은 수는 221이고, 가장 큰 수는 436입니다.

100보다 크고 200보다 작은 수 중에서 각 자리 숫자의 합이 10인 수를 모두 쓰고 몇 개인지 구하시오.

KeyPoint

100보다 크고 200보다 작으므로 백의 자리 숫자는 1입니다.

다음은 기원전 3000년경 이집트 사람들이 사용한 숫자로 만든 식입니다. 다음 식에 사용된 이집트 숫자가 나타내는 수의 규칙을 찾아 식을 완성하시오.

| + || = |||　　||| + |||| = |||| |||　　||| + |||| |||| = |∩

|||∩ + |||| ||| = ∩∩　　∩∩∩ ∩∩∩ + ∩∩∩ ∩∩ = ∩?

(1) || + |||∩

(2) ||| ||| ∩∩∩ + ||∩∩∩ ||∩∩∩ ∩∩

(3) |||| |||| ∩∩ ∩∩ ?? + ||∩∩∩ ||∩∩∩ ???

Key Point

| =1, ∩ =10, ? =100을 나타냅니다.

4. 수와 숫자의 개수

Free FACTO

어느 고층 건물에는

$$1, 2, 3, 5, \cdots, 13, 15, \cdots, 39, 50, \cdots$$

과 같이 숫자 4는 사용하지 않고 층을 표시하였습니다.
이 건물의 가장 높은 층은 86층이라고 표시되어 있습니다. 이 건물은 몇 층짜리 건물입니까?

생각의 흐름

1. 1부터 86까지 일의 자리에 4가 쓰인 수의 개수와 십의 자리에 4가 쓰인 수의 개수를 각각 구합니다.
2. 4가 두 번 쓰인 수 44를 고려하여 1에서 86까지 숫자 4가 쓰인 수의 개수를 구합니다.
3. 1부터 86까지의 수 중에서 숫자 4가 쓰인 수를 빼어 몇 층짜리 건물인지 구합니다.

LECTURE 어느 숫자가 들어 있는 수의 개수

1에서 30까지의 수 중에서 숫자 2가 들어간 수를 모두 늘어놓으면 다음과 같이 12개입니다.

2, 12, 20, 21, 22, 23, 24, 25, 26, 27, 28, 29

1에서 200까지의 수 중 숫자 2가 들어간 수의 개수를 구하면
일의 자리에 숫자 2가 들어간 수는 2, 12, 22, 32, …, 182, 192로 모두 20개입니다.
십의 자리에 숫자 2가 들어간 수는 20, 21, …, 29, 120, 121, 122, …, 129로 모두 20개입니다.
백의 자리에 숫자 2가 들어간 수는 200뿐이므로 1개입니다.
그런데 22와 122는 일의 자리, 십의 자리에 2가 들어간 수로 두 번씩 세어졌으므로 2개를 빼어 주면 구하는 수의 개수는
$20+20+1-2=39$(개)입니다.

1에서 86까지의 수 중에서 숫자 4가 들어간 수는
일의 자리에 숫자 4가 들어간 경우:
4, 14, 24, 34, 44, 54, 64, 74, 84
십의 자리에 숫자 4가 들어간 경우:
40, 41, 42, 43, 44, 45, 46, 47, 48, 49이지.
이 때, 44에는 4가 두 번 들어간 것에 주의해야 돼!

1부터 100까지의 수가 적힌 카드가 한 장씩 있습니다. 이 중에서 숫자 5가 하나라도 들어 있는 카드는 모두 버릴 때, 남는 카드는 몇 장입니까?

55는 일의 자리와 십의 자리에 모두 5가 들어 있지만 한 번만 버립니다.

10에서 1000까지의 수 중에서 일의 자리에 7이 있는 수는 모두 몇 개입니까?

17, 27, 37, ···, 997입니다.

5. 배수판정법

Free FACTO

도매 서점에서 가격이 같은 공책 72권을 구입하는 데 □529□원이 들었습니다. 공책 1권의 값은 얼마입니까?

생각의 흐름

1 가격이 같은 공책 72권을 샀으므로 구입하는 데 든 돈은 72의 배수입니다. 72의 배수는 8의 배수이고, 9의 배수이므로 8의 배수판정법을 이용하여 ㉠의 숫자를 구합니다.

㉡529㉠

1000=125×8이므로 1000의 배수를 뺀 29㉠이 8의 배수가 되어야 합니다.

2 어떤 수의 각 자리 숫자의 합이 9의 배수이면 그 수는 9의 배수임을 알 수 있습니다. 9의 배수판정법을 이용하여 ㉡의 숫자를 구합니다.

3 공책 1권의 값을 구합니다.

LECTURE 배수판정법

수의 일의 자리 숫자와 각 자리 숫자의 합을 이용하면 그 수가 어떤 수의 배수인지 알 수 있습니다.

2의 배수 : 일의 자리 숫자가 짝수 : 12, 250, 236598, …
4의 배수 : 끝에서부터 두 자리 수가 00 또는 4의 배수 : 1224, 96500, 456512, …
8의 배수 : 끝에서부터 세 자리 수가 000 또는 8의 배수 : 2000, 1208, 4496, …
3의 배수 : 각 자리 숫자의 합이 3의 배수 : 18, 252, 36363, 111111, …
9의 배수 : 각 자리 숫자의 합이 9의 배수 : 27, 189, 22221, 1111221, …
6의 배수 : 2의 배수이고, 3의 배수인 수 : 12, 366, 7224, 11220, …
12의 배수 : 3의 배수이고, 4의 배수인 수 : 108, 1020, 10140, …
72의 배수 : 8의 배수이고, 9의 배수인 수 : 432, 4680, 46872, …

일의 자리 숫자, 끝의 두 자리 수, 각 자리의 숫자의 합 등을 이용하면 어떤 수의 배수인지 알 수 있지!

다음 네 자리 수가 6의 배수일 때, □ 안에 들어갈 수 있는 숫자를 모두 더하면 얼마입니까?

6의 배수는 2의 배수이고, 3의 배수인 수이므로 각 자리 숫자의 합이 3의 배수이고, 일의 자리 숫자가 0, 2, 4, 6, 8 중의 하나입니다.

274□

다음 숫자 카드 중 3장을 뽑아 세 자리 수를 만듭니다. 이 중 9의 배수는 모두 몇 개입니까?

더해서 9가 되는 세 수를 먼저 구합니다.

0	1	2	3	4	5

6. 각 숫자의 개수

Free FACTO

종이 위에 1에서 100까지의 수를 쓸 때, 숫자 1과 숫자 3은 각각 몇 번씩 쓰게 됩니까?

생각의 흐름

1. 1에서 100까지의 수를 쓸 때 일의 자리에 쓴 숫자 1의 개수를 구합니다.
2. 십의 자리, 백의 자리에 쓴 숫자 1의 개수를 각각 구합니다.
3. 같은 방법으로 각 자리에 쓴 숫자 3의 개수를 구합니다.
4. 1에서 100까지의 수를 쓸 때, 쓰게 되는 숫자 1과 3의 개수를 각각 구합니다.

LECTURE 각 숫자의 개수 구하기

0에서 99까지의 수를 모두 두 자리 수의 형태로 쓰면 다음과 같습니다.

$0 \rightarrow 00,\ 1 \rightarrow 01,\ 2 \rightarrow 02,\ \cdots,\ 9 \rightarrow 09,\ 10,\ 11,\ \cdots,\ 99$

수의 개수는 0에서 99까지의 수이므로 100개이고, 각 수는 모두 2개의 숫자로 된 두 자리 수이므로 숫자의 개수는 200개가 됩니다.

00 01 02 03 04 05 06 07 08 09
10 11 12 13 14 15 16 17 18 19
20 21 22 23 24 25 26 27 28 29
⋮
90 91 92 93 94 95 96 97 98 99

그런데 위에서 0에서 9까지 각 숫자는 똑같은 개수만큼 사용하였으므로 각 숫자의 개수는 $200 \div 10 = 20$(개)입니다.
즉, 0에서 99까지의 수를 쓸 때, 숫자 0, 1, 2, 3, ⋯, 9는 각각 20번씩 쓴 것입니다.

0에서 99까지의 수를 00에서 99까지 두 자리 수 형태로 쓰면 수의 개수는 100개, 숫자의 개수는 200개이고, 각 숫자의 개수는 20개씩이 되지.

0에서 999까지의 수를 쓸 때, 숫자 9는 모두 몇 번 쓰게 됩니까?

0에서 999까지의 수를 모두 세 자리 수 형태로 쓰면 수의 개수는 1000개, 각 수는 모두 3개의 숫자로 된 세 자리 수이므로 숫자의 개수는 1000×3=3000(개)입니다.

어느 동화책의 쪽수를 1쪽부터 차례대로 인쇄하는 데 사용한 숫자의 개수가 399개라고 합니다. 이 동화책의 마지막 쪽수를 구하시오.

1쪽부터 9쪽까지 사용한 숫자의 개수는 9개, 10쪽부터 99쪽까지 사용한 숫자의 개수는 180개입니다.

Creative 팩토

다음과 같이 0부터 차례로 수를 써서 모두 520개의 숫자가 쓰여져 있습니다. 수를 0부터 몇까지 썼습니까?

0 1 2 3 4 5 6 ⋯

KeyPoint

0에서 9까지는 10개의 숫자, 10에서 99까지는 180개의 숫자가 쓰입니다.

10부터 99까지의 두 자리 수 중에서 일의 자리 숫자가 십의 자리 숫자보다 큰 수는 모두 몇 개입니까?

KeyPoint

십의 자리 숫자가 1부터 9까지일 때 일의 자리에 올 수 있는 숫자를 생각합니다.

다음 다섯 자리 수가 3의 배수이고 4의 배수일 때, □ 안에 알맞은 숫자를 구하시오.

6525□

KeyPoint
3의 배수는 각 자리의 숫자의 합이 3의 배수가 되어야 하고, 4의 배수는 끝에서부터 두 자리 수가 00 또는 4의 배수가 되어야 합니다.

종이 위에 1부터 500까지의 수를 쓸 때, 숫자 3의 개수와 7의 개수 중 어느 것이 몇 개나 더 많습니까?

KeyPoint
일의 자리와 십의 자리에 쓰인 3과 7의 개수는 같습니다.

1부터 500까지의 수 중에서 숫자 8이 하나라도 들어 있는 수는 모두 몇 개입니까?

3 · 6 · 9 게임은 다음과 같은 규칙으로 합니다.

여러 명이 둘러앉아 시계 반대 방향으로 1부터 차례로 수를 말합니다. 자신이 말해야 할 순서에 3 · 6 · 9가 들어가는 수를 말할 차례가 되면 수를 말하지 않고 3 · 6 · 9가 들어간 수만큼 박수를 칩니다. 예를 들어, 자신의 차례에 9가 되면 박수를 1번, 36이면 2번, 123이면 1번, 336이면 박수를 3번 칩니다.

1에서 시작하여 100째 번 차례까지 왔다면 그 동안 박수는 모두 몇 번 쳤습니까?

KeyPoint

1부터 100까지의 수 중에서 숫자 3, 6, 9가 쓰인 횟수를 구합니다.

1부터 시작해서 차례로 수를 쓸 때, 짝수도 아니고 5의 배수도 아닌 수 중에서 20째 번으로 작은 수를 구하려고 합니다. 다음 물음에 답하시오.

(1) 1부터 시작하여 짝수를 뺀 수 중에서 20째 번의 수를 구하시오.

(2) (1)에서 구한 수 중 5의 배수는 모두 몇 개입니까?

(3) (2)에서 구한 5의 배수의 개수만큼 (1)에서 구한 수 다음의 수를 더 쓰시오.

(4) 20째 번으로 작은 수는 무엇입니까?

Thinking 팩토

다음 숫자 카드로 만들 수 있는 세 자리 수 중에서 5로 나누어떨어지는 수는 몇 개입니까?

1	2	3	4	5

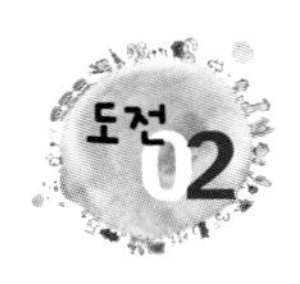

다음 조건을 만족하는 수 중 가장 큰 수를 구하시오.

- 백의 자리 숫자가 5입니다.
- 세 자리 수입니다.
- 12의 배수입니다.

각 자리 숫자의 합이 10인 세 자리 수의 개수를 구하려고 합니다. 다음 물음에 답하시오.

(1) 백의 자리의 숫자가 1일 때, 각 자리 숫자의 합이 10인 세 자리 수는 모두 몇 개입니까?

(2) 백의 자리 숫자가 2일 때, 각 자리 숫자의 합이 10인 세 자리 수는 모두 몇 개입니까?

(3) 백의 자리 숫자가 3일 때, 각 자리 숫자의 합이 10인 세 자리 수는 모두 몇 개입니까?

(4) 백의 자리 숫자가 4, 5, 6, 7, 8, 9일 때, 각 자리 숫자의 합이 10인 세 자리 수는 각각 몇 개입니까?

(5) 각 자리 숫자의 합이 10인 세 자리 수는 모두 몇 개입니까?

100보다 작은 수 중에서 2의 배수이면서 동시에 3의 배수인 수는 모두 몇 개입니까?

세 자리 수 8□□가 있습니다. 이 수가 9의 배수라고 할 때, 가장 큰 수는 무엇입니까?

종이 위에 1부터 1024까지의 수를 쓸 때, 숫자 0은 모두 몇 번 쓰게 되는지 구하려고 합니다. 다음 물음에 답하시오.

1 2 3 4 5 6 … 1023 1024

(1) 일의 자리에 숫자 0이 들어가는 수의 개수를 구하시오.

(2) 십의 자리에 숫자 0이 들어가는 수의 개수를 구하시오.

(3) 백의 자리에 숫자 0이 들어가는 수의 개수를 구하시오.

(4) 1부터 1024까지의 수를 쓸 때, 숫자 0은 몇 번 쓰게 됩니까?

Memo

Ⅶ 논리추론

1. 수 배치하기

Free FACTO

3, 4 또는 7, 8과 같이 연속하는 두 수를 이웃하는 수라고 합니다. 가로, 세로, 대각선 방향으로 이웃하는 수가 붙어 있지 않게 다음 빈 칸에 1에서 8까지의 수를 서로 다른 방법으로 한 번씩 써 넣어 보시오. (단, |보기|는 가로, 대각선 방향으로 이웃하는 두 수가 붙어 있는 경우를 보인 것입니다.)

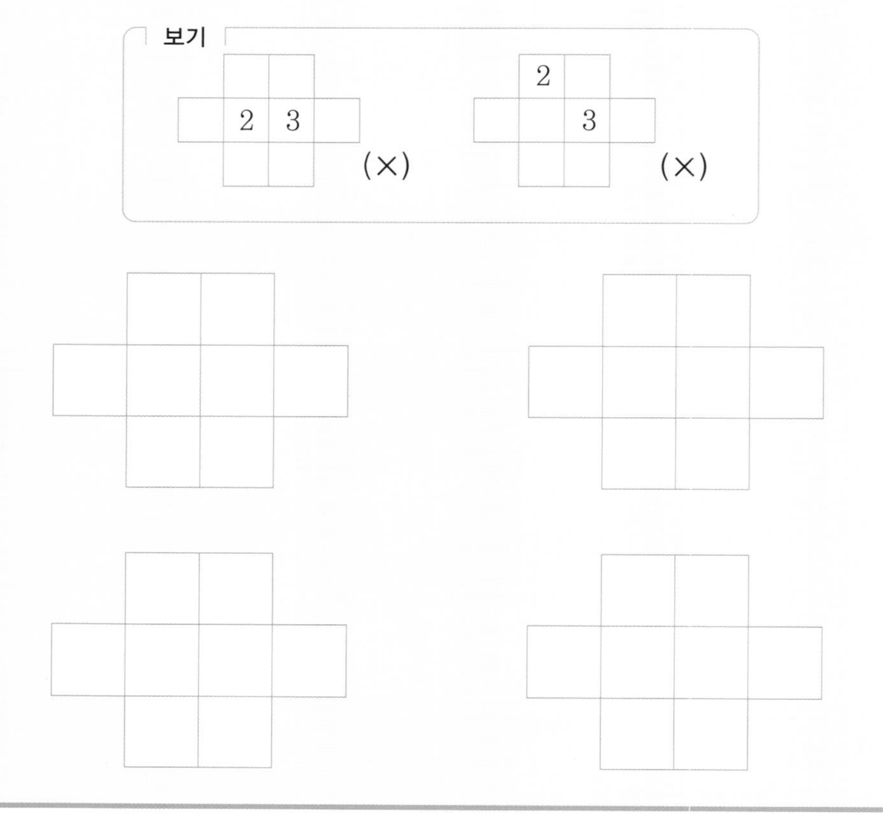

생각의 흐름

1 1은 이웃하는 수가 2 하나뿐입니다. 나머지 수들의 이웃하는 수의 개수를 각각 생각합니다.

2 칠해진 가운데 칸에 들어가는 수를 찾아 먼저 써넣습니다.

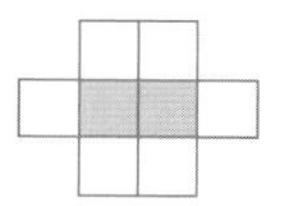

3 나머지 수를 조건에 맞게 배치합니다.

다음은 1, 2, 3, 4, 5 다섯 개의 수 중에서 네 개의 수를 골라 왼쪽의 수보다 오른쪽의 수가 더 크고, 위의 수보다 아래의 수가 더 크도록 수를 써 넣은 것입니다.

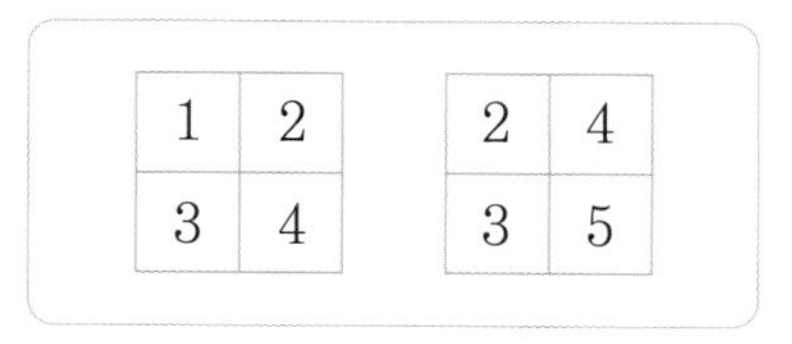

1	2
3	4

2	4
3	5

위의 방법 외에 다른 여러 가지 방법으로 수를 써 넣어 보시오.

왼쪽 윗칸에 3, 4, 5가 들어갈 수 있는지 생각합니다.

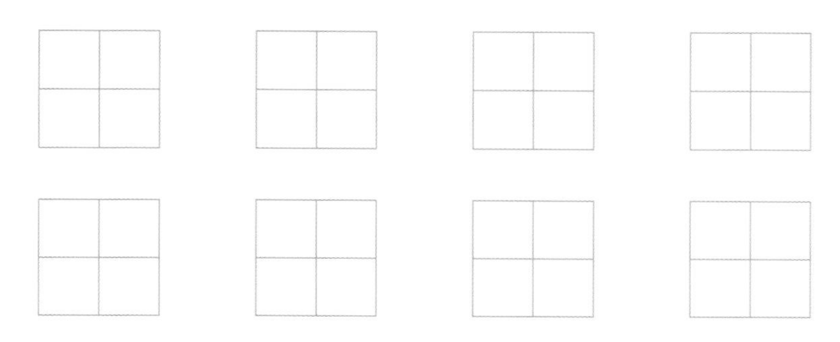

LECTURE 수 배치하기

1과 이웃한 수는 2, 2와 이웃하는 수는 1과 3, 3과 이웃한 수는 2와 4입니다. 이웃하는 수의 개수를 알아보면 1에서 8까지의 수 중에서 2, 3, 4, 5, 6, 7 여섯 개의 수는 이웃하는 수가 각각 2개이고, 1과 8은 이웃하는 수가 각각 하나씩뿐인 것을 알 수 있습니다.

다음 각 칸에서 ㉠, ㉡은 붙어 있는 칸이 3개, ㉢, ㉣, ㉤, ㉥은 붙어 있는 칸이 각각 4개이고, ㉦, ㉧은 붙어 있는 칸이 각각 6개입니다.

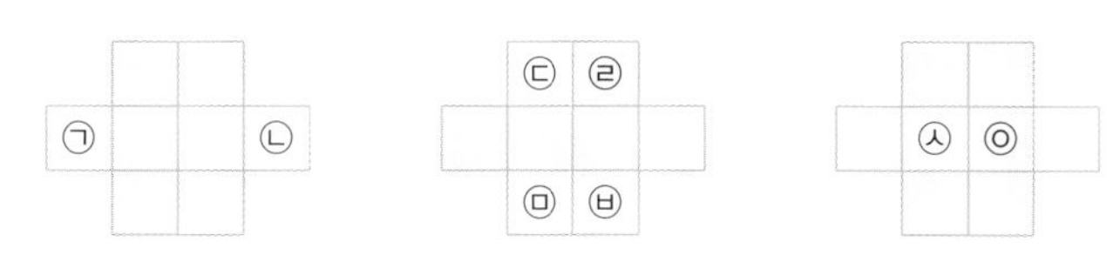

따라서, 이웃하는 수가 가장 적은 1과 8은 붙어 있는 칸이 가장 많은 ㉦, ㉧ 칸에 들어가야 합니다.

1에서 8까지의 수 중에서 1과 8은 이웃하는 수가 1개뿐이고, 나머지 수는 이웃하는 수가 2개씩이야. 이웃하는 수가 가장 적은 1과 8을 붙어 있는 칸이 가장 많은 곳에 배치하고, 나머지 수를 조건에 맞게 배치하면 돼!

2. 연역적 논리 1

Free FACTO

다섯 명의 학생이 달리기 시합을 했는데, 시합이 끝난 후 다음과 같이 말했습니다.

일호 : 나는 처음에 1등으로 달리다가 넘어져서 결국 끝까지 달리지 못했습니다.
이민 : 오준이는 나중에 세 명을 따라 잡았지만 결국 1등은 못했습니다.
삼식 : 나는 사공을 한 번도 따라잡지 못했습니다.
사공 : 나는 한 번 한 명을 따라잡았는데, 나중에 한 번 한 명에게 따라잡혔습니다.
오준 : 같이 들어온 사람은 아무도 없습니다.

다섯 명의 이야기를 듣고, 각 사람의 출발 후와 마지막에 도착한 순위를 말해 보시오.

생각의 흐름

1 다음과 같이 표를 만듭니다.

	출발 후	도착 순위
일호		
이민		
삼식		
사공		
오준		

2 일호의 이야기에서 일호의 출발 후와 도착 순위를 구해 위의 표에 적습니다.

3 이민이의 이야기에서 오준이의 출발 후와 도착 순위를 구해 위의 표에 적습니다.

4 다른 사람의 이야기에서 각 사람의 출발 후와 도착 순위를 구합니다.

순위	출발 후	도착
1		
2		
3		
4		
5		

등 번호가 1, 2, 3, 4인 네 명이 100m 경기에 참가하였는데, 다음과 같이 3명의 선수가 말했습니다. 네 명의 선수가 각각 몇 등을 하였는지 구하시오.

1번 선수 : 2번 선수는 나보다 먼저 도착했어.
3등을 한 선수 : 1번 선수는 꼴찌가 아니야.
어떤 선수 : 모든 선수는 등 번호와 등수가 같지 않아.

LECTURE 연역적 추리

연역적 추리란 주어진 사실이나 조건을 이용하여 어떤 사실이나 원리를 결론으로 이끌어내는 추리 방법을 말합니다. 주어진 사실이나 조건이 맞는지 틀리는지는 상관이 없고 오로지 논리적으로 문제가 있는지 없는지가 중요합니다.
연역적 추리의 대표적인 방법이 삼단논법입니다. 예를 들면,
'모든 사람은 밥만 먹고 살 수 없다.
거지도 사람이다.
따라서, 거지도 밥만 먹고 살 수 없다.'
즉, 위의 삼단논법에서 주어진 사실은 '모든 사람은 밥만 먹고 살 수 없다. 거지도 사람이다.' 이고, 주어진 사실이나 조건에 따르면 '거지도 밥만 먹고 살 수 없다.' 는 그 말이 진실과는 상관없이 논리적으로는 문제가 없게 됩니다.

연역적 추리란 주어진 사실이나 조건을 이용하여 어떤 사실이나 원리를 결론으로 이끌어 내는 추리 방법이야.
대표적으로 삼단논법이 있지!

3. 참말, 거짓말

Free FACTO

A, B, C 세 사람이 다음과 같이 말했습니다. 세 사람 중 한 사람만 참말을 했다면, 참말을 한 사람은 누구입니까?

A : B가 거짓말을 합니다.
B : C가 거짓말을 합니다.
C : A, B 모두 거짓말을 합니다.

세 사람 중 참말을 말한 사람은 누구입니까?

생각의 흐름

1. A의 말이 참인 경우 B, C의 말이 모두 거짓인지 알아봅니다.
2. B의 말이 참인 경우 A, C의 말이 모두 거짓인지 알아봅니다.

LECTURE 패러독스(모순)

어떤 사람이 "제가 하는 모든 말은 거짓말이예요."라고 말했다고 할 때, 이 말이 참말이라면 제가 하는 모든 말은 거짓말이라는게 참말이 되어 제가 하는 모든 말은 거짓말이라는게 논리적으로 맞지 않게 됩니다.
또한 이 말이 거짓말이라면 제가 하는 모든 말은 거짓말이라는게 거짓말이 되어 참말을 할 수도 있게 됩니다. 역시 논리적으로 맞지 않게 됩니다.
이와 같이 어떤 경우이든지 논리적으로 맞지 않는 경우를 패러독스라고 합니다.
패러독스와 비슷하게 모순이라는 말이 있습니다.
모순은 옛날 중국의 고사에서 유래되었는데, 이 세상에서 어떤 방패도 뚫을 수 있는 날카로운 창과 어떤 날카로운 창도 막을 수 있는 방패를 동시에 파는 상인의 이야기에서 나왔습니다.
어떤 상황을 가정하여 논리적으로 맞지 않은 경우가 발생하거나 조건에 맞지 않는 경우가 생기면 그 가정 자체가 틀렸다는 것을 이용하여 논리 문제를 해결할 수 있습니다.

어떤 상황을 가정하여 모순이 생기거나 논리적으로 맞지 않으면 그 가정 자체가 틀렸다는 것을 이용하여 논리 문제를 해결할 수 있지!

민준, 서연, 동수는 각각 참말만 하거나 거짓말만 하는 아이인데, 누가 참말만 하고 누가 거짓말만 하는지는 모릅니다. 이 세 명의 아이들이 다음과 같이 말하고 있습니다.

> 민준 : 우리 중에 거짓말쟁이는 오직 1명 있어요.
> 서연 : 우리 중에 거짓말쟁이는 오직 2명 있어요.
> 동수 : 우리는 모두 거짓말쟁이예요.

거짓말쟁이는 누구입니까?

거짓말쟁이가 0명, 1명, 2명, 3명일 경우로 나누어서 생각해 봅니다.

토끼가 호랑이에게 잡혔습니다. 호랑이는 토끼에게 다음과 같이 말했습니다.
"내가 너를 놓아줄지 잡아먹을지 알아맞혀 보아라. 만약 맞힌다면 놓아 주겠지만, 맞히지 못한다면 잡아먹어버릴 테다."
토끼가 다음과 같이 대답한다면 호랑이는 토끼를 잡아먹을 수 있습니까?

놓아 준다고 대답할 경우와 잡아먹는다고 대답할 경우를 각각 따져 봅니다.

> "나를 잡아먹을 것입니다."

Creative 팩토

다음 6개의 칸 안에 △, ☆, ♡를 2개씩 넣으시오. (단, △ 사이에는 1개의 칸이 있어야 하고, ☆ 사이에는 2개의 칸이 있어야 하고, ♡ 사이에는 3개의 칸이 있어야 합니다.)

KeyPoint
두 개의 ♡를 넣을 수 있는 방법이 가장 적으므로 ♡부터 넣어 봅니다.

가로 또는 세로 방향으로 이웃한 두 수의 합이 3으로 나누어떨어지지 않도록 다음 빈 칸에 2, 3, 4, 5, 6을 한 번씩 써 넣으시오. (4가지 방법이 있습니다.)

		1		

		1		

		1		

		1		

KeyPoint
2, 5는 1과 이웃할 수 없습니다.

다음 |조건|에 맞도록 1에서 9까지의 수를 빈 칸에 한 번씩 써 넣으시오.

조건

- 1의 바로 오른쪽에 2가 있어야 합니다.
- 3은 1과 5 사이에 있어야 합니다.
- 2 위에는 아무 수도 없어야 합니다.
- 5는 4와 6 사이에 있어야 합니다.
- 7 바로 오른쪽에 1이 있어야 합니다.
- 3의 왼쪽에 8이 있어야 합니다.
- 9의 아래쪽에 4가 있어야 합니다.

KeyPoint

1, 2, 7의 위치를 먼저 파악합니다.

값비싼 목걸이가 도난 당하는 사건이 일어났습니다. 범인은 갑, 을, 병, 정 중 한 명인데, 각각 다음과 같이 말하고 있습니다.

갑 : 저는 훔치지 않았습니다.
을 : 병이 훔쳤습니다.
병 : 정이 훔쳤습니다.
정 : 을의 말은 거짓말입니다.

이 중에서 단 한 사람만 거짓말을 하고 있다면, 거짓말을 하고 있는 사람과 범인은 각각 누구입니까?

KeyPoint

갑, 을, 병, 정이 각각 범인일 경우로 나누어서 따져 봅니다.

창현이는 월, 수, 금요일에는 거짓말만 하고, 다른 요일에는 참말만 합니다. 정우는 화, 목, 토요일에는 거짓말만 하고, 다른 요일에는 참말만 합니다. 오늘 이 두 사람은 우연히 길에서 만나서 이야기하고 있습니다.

> 창현 : 어제는 화요일이었어.
> 정우 : 아냐, 내일이 화요일이야.

그렇다면 오늘은 무슨 요일입니까?

Key Point
창현이의 말이 참말일 경우와 거짓말일 경우로 나누어 따져 봅니다.

현진, 성수, 진태, 찬우는 공포, 코미디, 액션, 멜로 중에서 서로 다른 영화를 좋아합니다. 다음 대화를 보고, 각자 어떤 영화를 좋아하는지 구하시오.

> 현진 : 어렸을 때에는 액션 영화를 좋아했지만 이제는 아니야.
> 성수 : 찬우는 어렸을 때나 지금이나 액션 영화가 싫다고 하더라.
> 진태 : 어제 현진이와 영화를 봤는데, 그게 멜로 영화라서 우리 둘 다 재미가 없었어.
> 찬우 : 공포 영화와 멜로 영화는 아무래도 내 취향에 맞지 않아.

Key Point
표를 만들어서 알아낸 사실을 정리합니다.

A, B, C, D의 직업은 화가, 조각가, 음악가, 작가로 서로 다르다고 합니다. 다음 설명을 보고, A, B, C, D의 직업이 각각 무엇인지 알아보시오.

① A는 화가 또는 작가입니다.
② 작가와 D는 서로 사이가 좋지 않습니다.
③ B는 화가보다는 나이가 많지만, 음악가보다는 나이가 어립니다.
④ D와 조각가와 음악가는 다음 주에 셋이서 함께 등산을 가기로 했습니다.

KeyPoint

①에서 확실히 알 수 있는 것은 A는 조각가나 음악가가 아니라는 것입니다. 또한 ③에서 B는 화가나 음악가가 아닌 것을 알 수 있습니다.

네 명의 학생 갑, 을, 병, 정이 한 줄로 앉아 있는데, 각각 검은 모자 또는 흰 모자를 쓰고 있습니다. 자기가 쓰고 있는 모자나 자기 뒤에 있는 학생의 모자는 볼 수 없다고 할 때, 다음을 보고 갑, 을, 병, 정이 앉아 있는 순서를 구하시오.

갑 : 검은 모자만 보여.
을 : 나도 검은 모자만 보여.
병 : 나는 검은 모자도 보이고, 흰 모자도 보여.
정 : 을은 내 바로 뒤에 앉아 있어.

KeyPoint

을과 정의 위치를 먼저 생각합니다.

4. 도미노 깔기

Free FACTO

다음 도미노를 이용하여 빈틈없이 덮을 수 있는 격자판은 어느 것입니까?

①

②

③

④

생각의 흐름

1 도미노는 정사각형 2개를 붙여 만든 것이므로 빈틈없이 덮기 위해서는 격자판의 칸 수가 짝수이어야 합니다. 격자판의 칸 수를 구하여 덮을 수 없는 것을 찾습니다.

2 다음과 같이 격자판을 체스판 모양으로 칠하여 검은색 칸과 흰색 칸의 개수가 다른 것을 찾습니다.

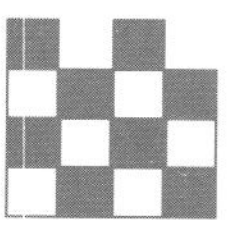

두 가지 색깔의 칸의 수가 다른 것은 도미노로 덮을 수 없습니다.

격자판에 달팽이가 한 마리 있습니다. 이 달팽이는 항상 왼쪽, 오른쪽, 앞, 뒤 한 칸씩 다른 칸으로 갈 수 있습니다. |보기|와 같이 달팽이가 모든 칸을 단 한 번씩만 지나 다시 처음 출발한 칸으로 돌아올 수 있습니까? 돌아올 수 있다면 경로를 그려 보고, 돌아올 수 없다면 그 이유를 설명하시오.

격자판을 체스판 모양으로 칠해 봅니다.

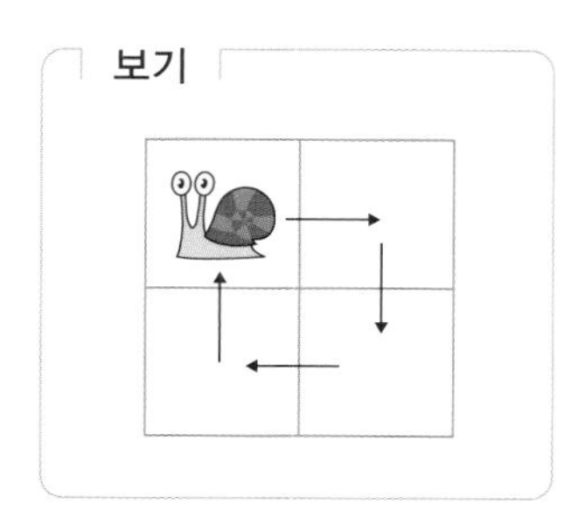

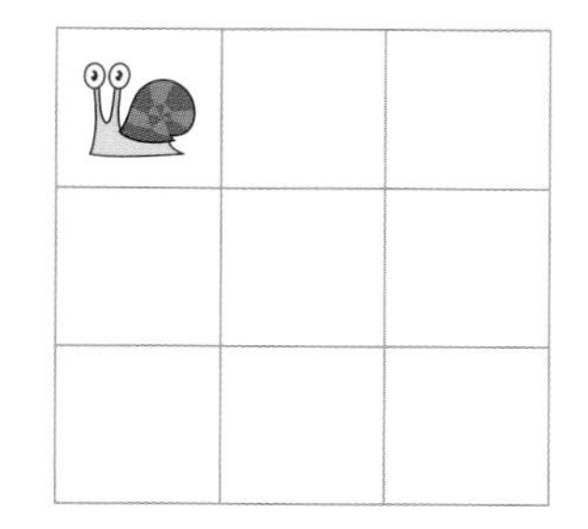

LECTURE 도미노 깔기

다음과 같이 잘린 체스판에 도미노를 채워 봅시다. 과연 가능할까요?

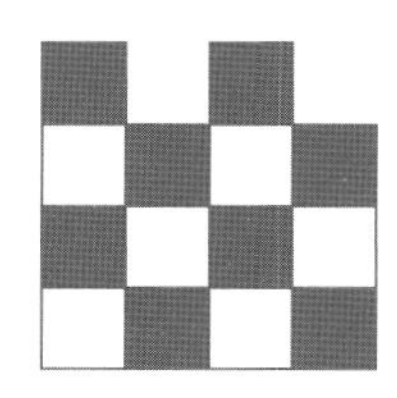

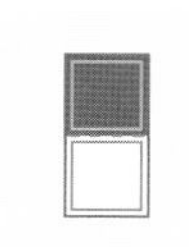

여러 가지 방법으로 도미노를 놓더라도 결국은 놓을 수 없을 것입니다.
모든 방법을 다 써 본 것도 아닌데 채울 수 없다고 확신할 수 있습니까?
체스판의 잘려 나간 곳은 원래 흰색 칸이 있던 자리입니다. 따라서, 위의 체스판에는 8개의 검은색 칸과 6개의 흰색 칸이 있습니다.
체스판을 도미노로 덮을 때 항상 2개의 칸을 덮게 되는데, 그 2개의 칸은 항상 색깔이 다른 흰색 칸 하나와 검은색 칸 하나입니다.
어떤 방식으로 도미노를 채워 나가더라도 6개의 도미노를 놓게 되면 6개의 흰색 칸과 6개의 검은색 칸을 덮게 됩니다. 남은 2칸은 검은색 칸이므로 한 개의 도미노로 검은색 두 칸을 채울 수는 없습니다. 따라서, 주어진 판을 도미노로 모두 덮는 것은 불가능합니다.

두 가지 색깔로 된 도미노로 격자판을 빈틈없이 덮을 때 두 가지 색깔의 칸의 수가 같아야 되지. 칸의 수가 다르면 한 가지 색의 남는 칸이 생기게 되지!

5. 쾨니히스베르크의 다리

Free FACTO

다음은 어느 박물관의 평면도입니다. 이 박물관은 A, B, C, D, E 5개의 전시실로 구성되어 있고, 각 전시실마다 그림과 같이 문이 나 있습니다.
이 박물관의 설계자는 관람객이 모든 문을 한 번씩만 지나 다시 출발한 방으로 돌아오는 경로를 알아보는 중인데 그것은 불가능하고, 어느 하나의 문을 폐쇄하면 가능하다는 것을 알아냈습니다. 다음 문 중에서 어느 문을 폐쇄해야 모든 문을 한 번씩만 지나 다시 출발한 방으로 돌아올 수 있습니까?

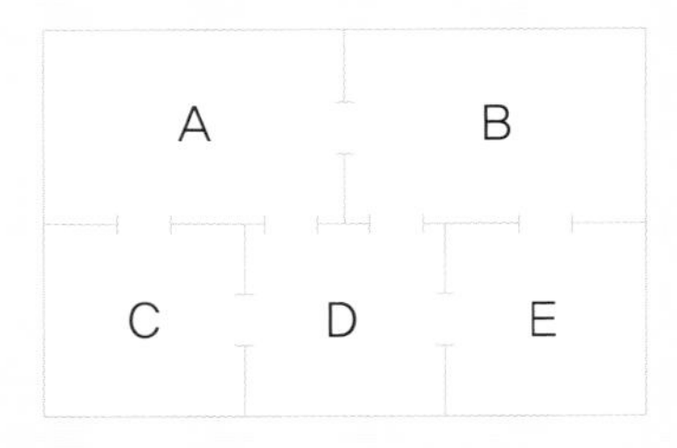

① A와 B 사이의 문 ② C와 D 사이의 문 ③ D와 E 사이의 문
④ B와 D 사이의 문 ⑤ A와 D 사이의 문

생각의 흐름

1 평면도를 방을 점으로, 문을 선으로 하여 점과 선으로 이어 나타냅니다.

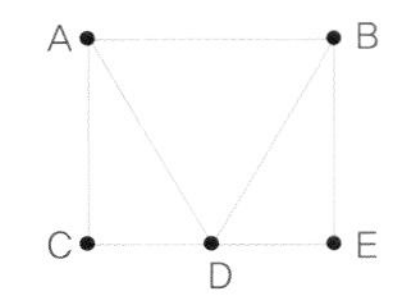

2 한 점에 연결된 선의 개수가 홀수 개인 점을 찾습니다.

3 홀수점과 홀수점을 잇는 선을 하나 없애 모든 점을 짝수점으로 만듭니다.

다음과 같이 16개의 방이 있고, 각 방은 모두 문으로 연결되어 있습니다. A 방에서 출발하여 모든 문을 한 번씩만 지난다고 하면 마지막에 도착하는 방은 어디입니까?

방을 점으로, 문을 선으로 하여 평면도를 점과 선으로 이어 나타냅니다.

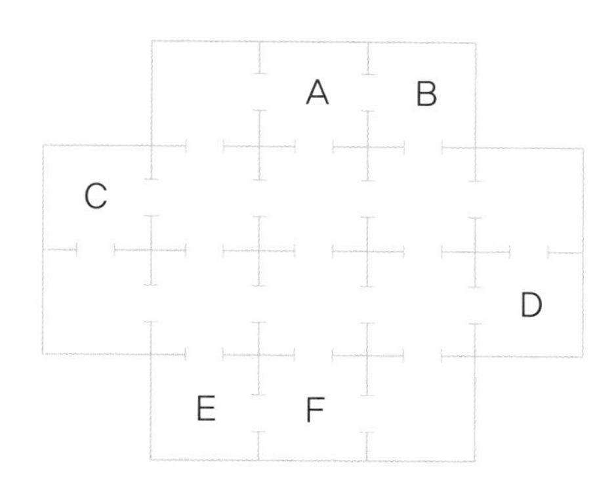

LECTURE 쾨니히스베르크의 다리

18세기 독일의 쾨니히스베르크에는 다음과 같이 프레겔 강을 가로질러 7개의 다리로 된 산책로가 있었습니다.
시민들 사이에는 산책로를 따라갈 때,
'7개의 다리를 한 번씩만 건너서 출발한 지점으로 돌아올 수 있는 길이 없을까?'
라는 문제가 이야기거리가 되곤 하였습니다.

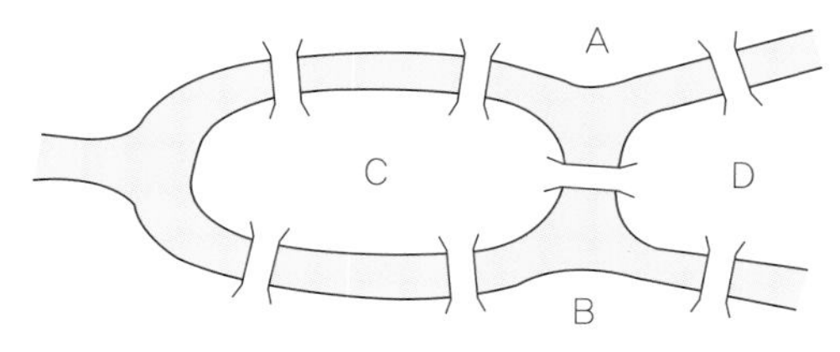

이 문제는 한붓그리기 문제로 바꿀 수 있습니다.
육지를 점으로, 다리를 선으로 연결하면 다음과 같고, 이 도형은 홀수점이 4개이므로 한붓그리기가 불가능한 도형입니다.
따라서, 7개의 다리를 한 번씩만 지나서 출발한 지점으로 돌아올 수 없습니다.

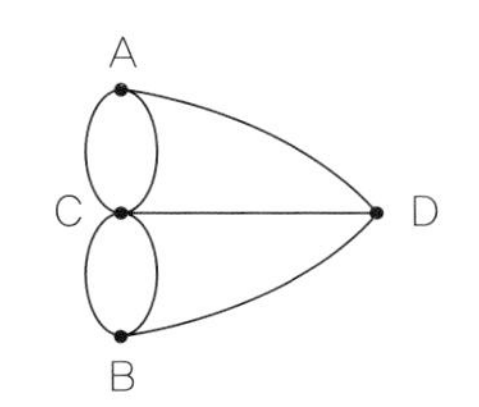

한 꼭지점에 연결된 선의 개수가 홀수 개일 때, 그 점을 홀수점이라고 합니다. 홀수점이 4개일 때 한붓그리기는 불가능합니다.

쾨니히스베르크의 다리 문제는 한붓그리기 문제로 바꿀 수 있지. 홀수점이 4개이므로 7개의 다리를 한 번씩 지나서 출발 지점으로 돌아올 수 없다는 것을 쉽게 알 수 있거든!

이 문제를 수학적으로 최초로 해결한 사람이 독일의 유명한 수학자 오일러입니다. 그래서 모든 길을 정확히 한 번씩만 통과하는 경로를 오일러 길이라고 합니다.

6. 비둘기집 원리 2

Free FACTO

어떤 퀴즈 대회에 5문제가 출제되었습니다. 한 문제를 맞힐 때마다 10점을 받고, 틀리거나 답을 쓰지 못하면 점수를 얻지 못합니다. 이 대회에서 적어도 같은 점수를 받은 학생이 항상 2명 이상 나오려면 최소한 몇 명의 학생이 퀴즈 대회에 참가해야 합니까?

생각의 흐름

1 받을 수 있는 점수를 모두 구합니다.

2 같은 점수를 받은 학생 2명을 찾으려면 운이 가장 나쁜 경우 몇 명의 학생에게 점수를 물어 봐야 하는지 생각합니다.

LECTURE 비둘기집 원리

5개의 비둘기집에 6마리의 비둘기가 들어간다고 할 때, 하나의 비둘기집에는 적어도 2마리의 비둘기가 들어갑니다. 이것을 비둘기집 원리라고 합니다. 비둘기집 원리는 비록 교과 과정에는 다루지 않지만 수학 문제를 해결하는 데 있어서 중요한 사고 방법 중의 하나입니다.

예를 들어, 5학년 전체 학생이 400명인 어느 학교에서 생일이 같은 학생이 있는지 알아봅시다.

비둘기집 원리를 이용하면 1년은 365일 또는 366일이므로 1년의 날수 365일을 비둘기집이라 생각하고, 학생 400명을 비둘기라고 생각하면 비둘기집보다 비둘기가 많으므로 어느 하나의 비둘기집에는 적어도 2마리의 비둘기가 들어갑니다. 따라서, 생일이 같은 학생은 있다는 것을 확실하게 알 수 있게 됩니다.

5개의 비둘기집에 6마리의 비둘기가 들어간다고 할 때, 어느 하나의 비둘기집에는 적어도 2마리의 비둘기가 들어가게 되는 것을 비둘기집 원리라고 해!

상자 안에 빨간색, 파란색, 초록색, 검은색 구슬이 각각 10개씩 들어 있습니다. 같은 색 구슬 2개를 얻으려면 적어도 몇 개의 구슬을 꺼내야 합니까? (단, 상자 안을 보지 않고 구슬을 꺼냅니다.)

가장 운이 나쁜 경우는 몇 개의 구슬을 꺼내고도 같은 색 구슬 2개를 얻지 못한 경우인지 생각합니다.

지윤이네 반 학생은 모두 13명입니다. 이 중에서 같은 달에 태어난 2명의 학생이 반드시 있는 이유를 설명하시오.

태어난 달의 종류는 1월에서 12월까지 12가지뿐입니다.

다음과 같이 배치된 9개의 자리에 학생들이 한 명씩 앉아 있습니다. 학생들이 모두 지금 자리의 바로 옆이나 바로 앞, 바로 뒤의 자리로 옮기려고 합니다. 학생들이 자리를 어떻게 옮기면 될지 방법을 설명하고, 만약 불가능하다면 그 이유를 설명하시오.

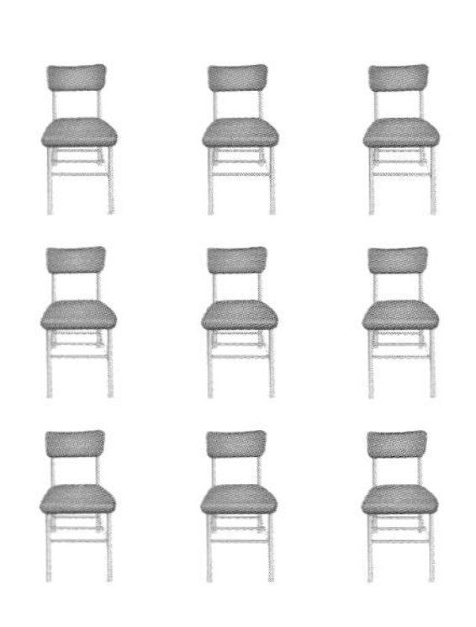

KeyPoint

어떤 자리와 그 자리에서 옮겨갈 수 있는 자리를 서로 다른 색으로 칠해 봅니다.

그림과 같이 A, B, C가 새겨진 구슬이 각각 10개씩 들어 있는 주머니가 있습니다. 주머니 안을 보지 않고 구슬을 꺼내어 반드시 같은 알파벳이 쓰여진 구슬을 3개를 꺼내려고 합니다. 적어도 몇 개의 구슬을 꺼내야 합니까?

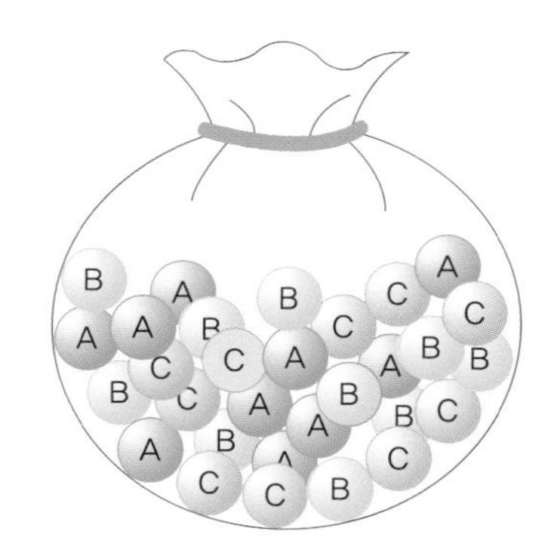

KeyPoint

운이 가장 나쁜 경우 A, A, B, B, C, C를 꺼낼 수 있습니다.

다음 그림과 같은 욕실 바닥을 주어진 타일로 깔려고 합니다. 타일끼리 서로 겹치거나 잘라 붙일 수 없다고 할 때, 다음 물음에 답하시오.

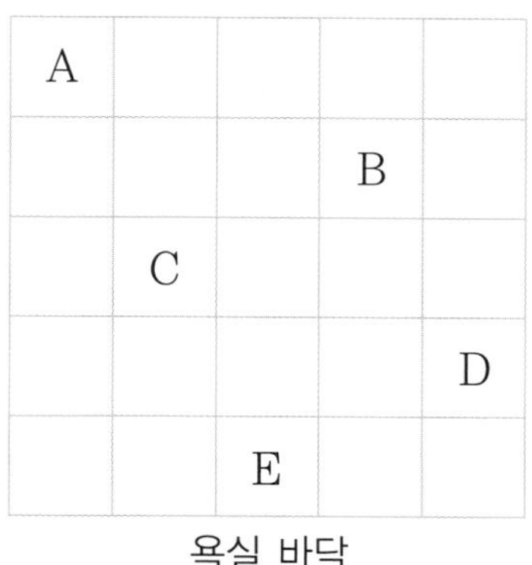

욕실 바닥

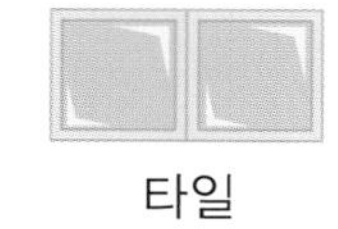
타일

(1) 타일을 최대 몇 개까지 깔 수 있습니까?

(2) 위의 A, B, C, D, E 중에서 타일을 최대한 많이 깔았을 때 타일이 반드시 깔리는 곳을 모두 고르시오.

KeyPoint

서로 이웃하는 칸은 다른 색이 되도록 바닥을 색칠해 봅니다.

어떤 저택에는 7개의 방 (가), (나), (다), (라), (마), (바), (사)가 있고, 방들은 그림과 같이 복도로 연결되어 있습니다. 이 저택의 주인은 (가) 방에서 출발하여 모든 복도를 한 번씩만 지나서 다시 (가) 방으로 돌아오려고 했으나, 그것이 불가능하다는 것을 깨닫고 복도를 하나 더 만들려고 합니다. 어느 두 방을 연결하는 복도를 만들어야 합니까? (단, 색칠된 부분이 복도입니다.)

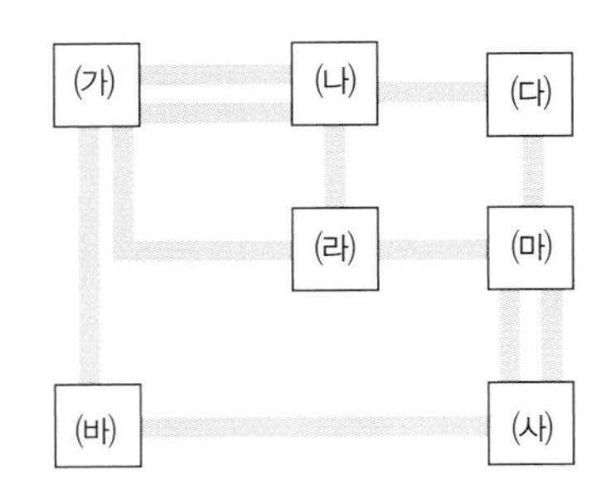

KeyPoint
방을 점으로, 복도를 선으로 생각합니다.

어느 국제 행사에 2400명이 참가했습니다. 전 세계에 나라가 모두 230개 있다고 할 때, 이 행사에 참가한 사람들 중에서 같은 나라인 사람들이 반드시 몇 명이 있습니까?

KeyPoint
230가지의 국적이 있습니다.

체스에서 나이트(Knight)라는 말은 [그림 1]과 같은 방법으로 움직일 수 있습니다. (원래 있던 칸에서 가로로 2칸, 세로로 1칸 떨어진 곳 또는 가로로 1칸, 세로로 2칸 떨어진 곳으로만 이동할 수 있습니다.)

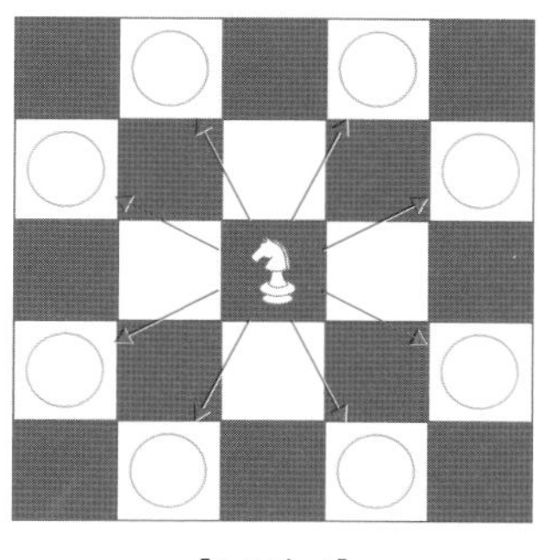
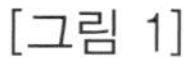
[그림 1]

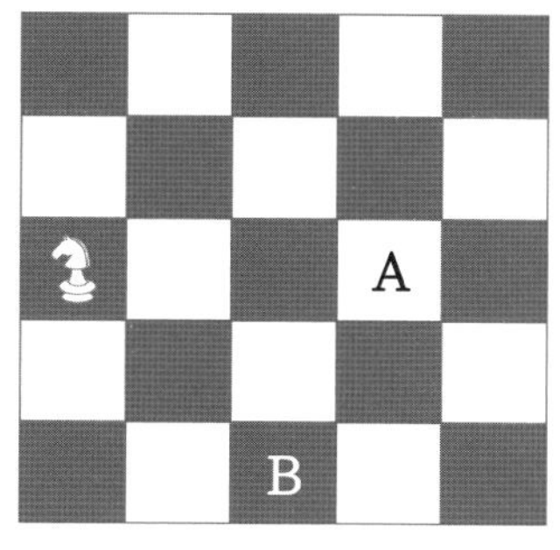

[그림 2]

[그림 2]의 나이트는 3번 움직이면 A 위치로 갈 수 있습니다. [그림 2]의 나이트가 3번 움직여서 B 위치로 가는 방법을 설명하고, 만약 불가능하다면 그 이유를 설명하시오.

Key Point

1번 움직일 때마다 나이트가 있는 칸의 색깔이 바뀝니다.

Thinking 팩토

이웃하는 두 수의 합이 3으로 나누어떨어지지 않도록 1, 2, 3, 4, 5 다섯 개의 수를 다음 빈 칸에 알맞게 써 넣으시오. (8가지 방법이 있습니다.)

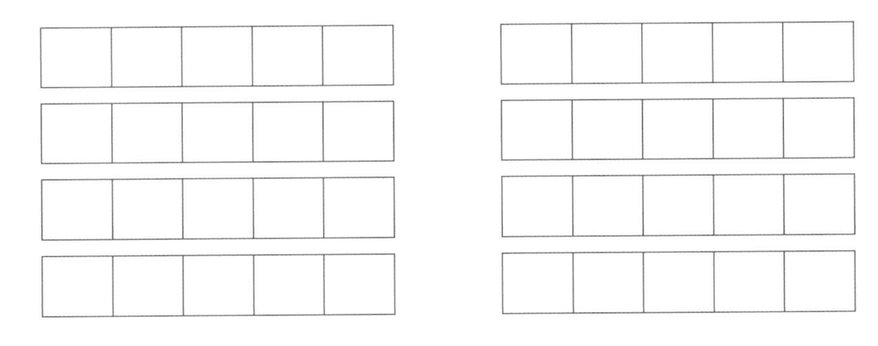

다음 그림과 같은 마을이 있습니다. 이 마을의 한 소년이 주장하기를 자신은 광장에서 출발하여 모든 다리를 한 번씩만 지나고 다시 광장으로 돌아왔다고 합니다. 하지만 이 주장에 의심을 품은 수학자가 조사한 결과, 그 소년은 다리 하나를 지나지 않았기 때문에 그것이 가능했다는 것을 알아냈습니다. 소년이 지나지 않은 다리는 어느 것입니까?

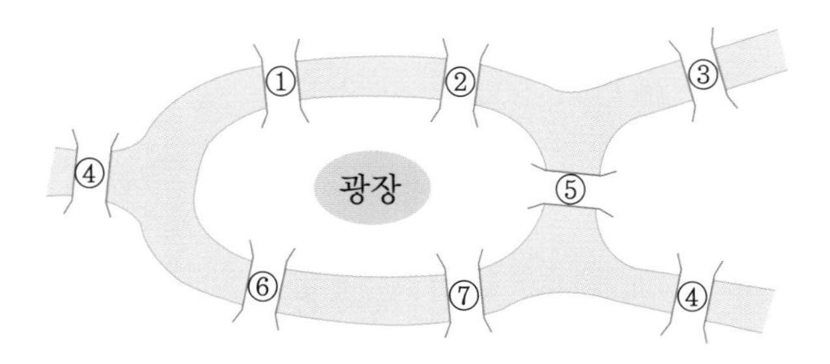

다음과 같은 과녁에 총을 쏘는 사격 대회가 열렸습니다. 각 선수마다 총을 1번씩 쏜다고 할 때, 점수가 같은 10명의 선수가 반드시 있으려면 이 대회에 적어도 몇 명의 선수가 참가해야 합니까? (단, 과녁을 빗나가거나 경계선에 맞는 경우는 없다고 생각합니다.)

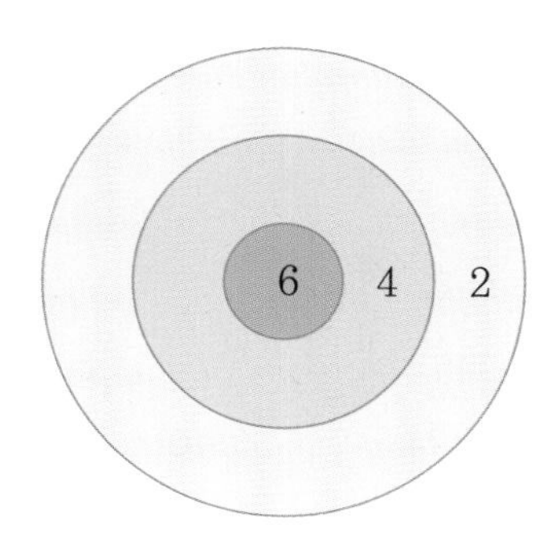

민지는 아침 식사로 빵 하나와 과일 하나를 먹습니다. 민지가 먹는 빵은 단팥빵, 크림빵, 치즈빵 중 하나이고, 먹는 과일은 사과, 귤, 배 중 하나입니다. 지난 달에 민지가 같은 아침 식사를 적어도 4번 했다는 것을 논리적으로 설명하여 보시오.

왼쪽 그림과 같은 도형 9개로 오른쪽 칸을 모두 채울 수 있습니까? 있다면 그 방법을 오른쪽 도형에 그리고, 그릴 수 없다면 그 이유를 설명하시오.

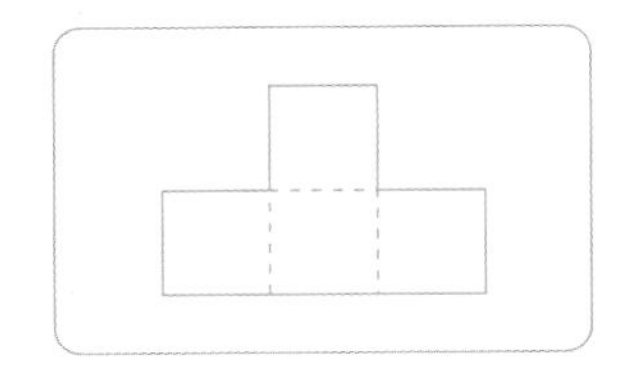

다음 그림의 빈 칸을 채우시오. (단, □ 안에는 5, 6, 7, 8이 한 번씩 들어가야 하고, ○ 안에는 ○와 연결된 두 □ 안의 수의 합이 들어가야 합니다.)

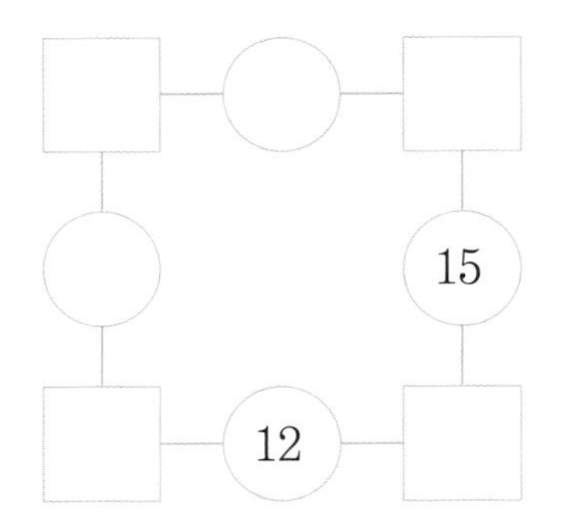

나무 아래에 노인, 청년, 아이가 앉아 있는데, 놀랍게도 이 세 명은 천사, 악마, 인간이라고 합니다. 천사는 참말만 하고, 악마는 거짓말만 하며, 인간은 참말을 하기도 하고 거짓말을 하기도 합니다. 이 세 명은 다음과 같이 말하고 있습니다.

노인 : 나는 인간이라네.
청년 : 나는 악마입니다.
아이 : 저는 악마가 아니에요.

그렇다면 천사, 악마, 인간은 각각 누구입니까?

다섯 명의 형제 A, B, C, D, E의 말을 보고 각자의 나이를 구하시오.

A : 저는 D보다 3살 많아요.
B : 저에게는 형도 있고, 동생도 있어요.
C : A가 저보다 어려요.
D : 저는 막내가 아니에요.
E : 우리 다섯 명의 나이는 10살, 12살, 13살, 15살, 16살로 서로 다르답니다.

Memo

Ⅷ 공간감각

1. 주사위의 전개도

Free FACTO

주사위의 마주 보는 면의 눈의 합이 7이 되도록 전개도에 눈을 알맞게 그려 넣으시오.

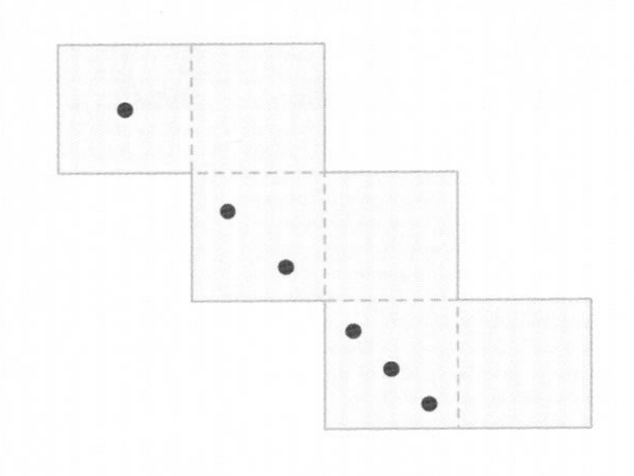

생각의 흐름

1. 마주 보는 두 면은 한 모서리에서 만날 수 없습니다.

   접었을 때 [1]과 마주 보는 면에 [6]을 그려 넣습니다.

2. 같은 방법으로 [4], [5]를 각각 그려 넣습니다.

LECTURE 주사위의 전개도

정육면체의 전개도에 그림과 같이 주사위를 올려놓고 굴려서 바닥에 닿은 면의 눈의 수를 써 넣으면 주사위의 전개도를 쉽게 그릴 수 있습니다.

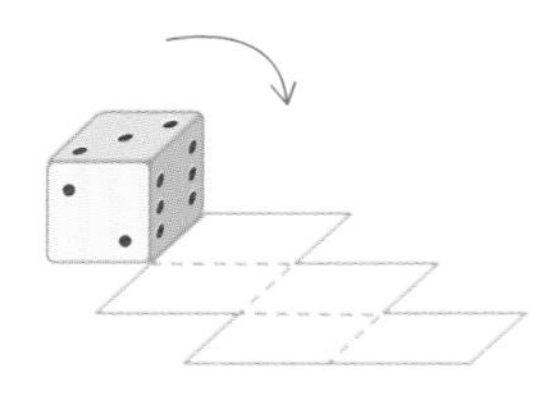

정육면체의 전개도에 주사위를 올려놓고 굴려서 바닥에 닿은 면의 눈의 수를 써 넣으면 주사위의 전개도를 쉽게 그릴 수 있지!

주사위의 마주 보는 면의 눈의 합이 7이 되도록 전개도에 눈을 알맞게 그려 넣으시오.

마주 보는 면이 어느 면인지 찾습니다.

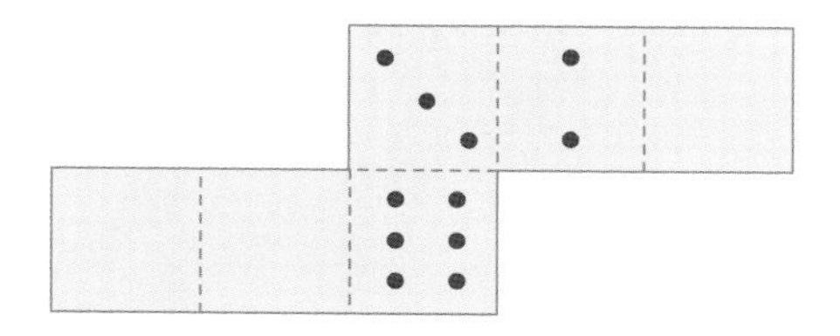

다음 두 가지 주사위의 전개도를 접었을 때 같은 모양이 되도록 빈 곳에 알맞은 숫자를 쓰시오. (단, 숫자가 쓰여진 방향은 생각하지 않습니다.)

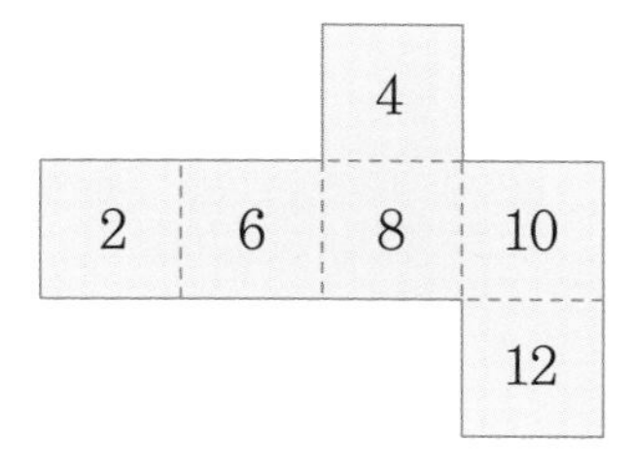

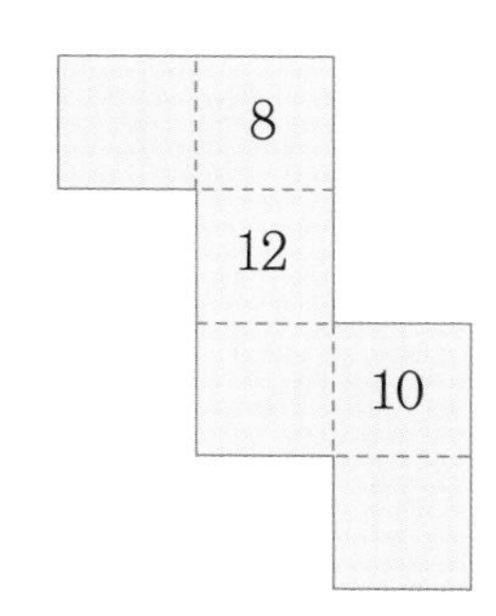

2. 주사위의 7점 원리

Free FACTO

마주 보는 면의 눈의 합이 7인 |보기|와 같은 주사위 3개를 다음 그림과 같이 이어 놓았습니다. 서로 맞닿는 면의 눈의 합이 항상 6이라고 할 때, ㉠ 면에 알맞은 눈의 수를 구하시오.

보기

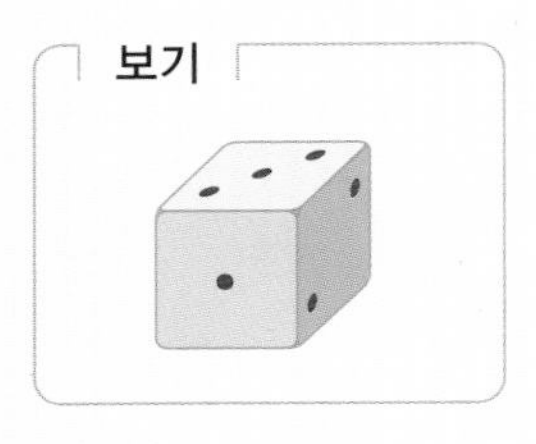

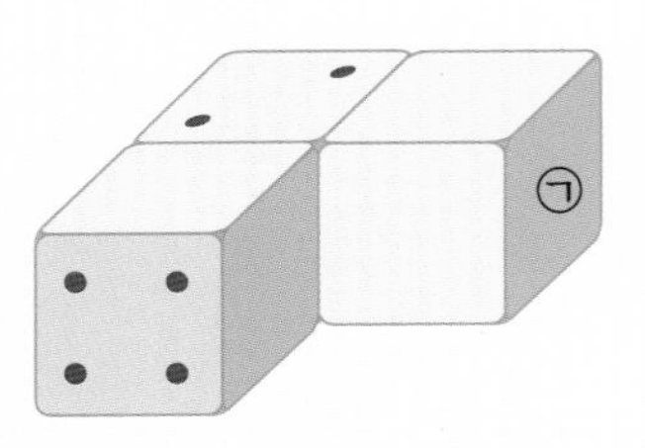

생각의 흐름

1 주사위 3개를 그림과 같이 그립니다.

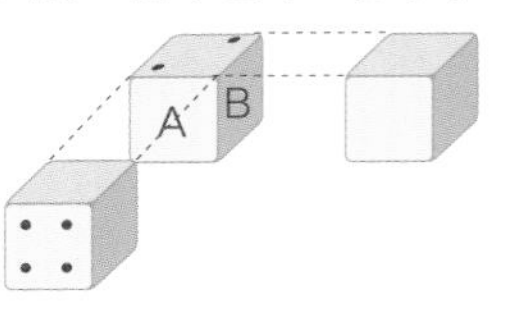

⁘ 면과 마주 보는 면의 눈의 수와 A 면의 눈의 수를 구합니다.

2 B 면의 눈의 수와 B 면과 맞닿은 면의 눈의 수를 구합니다.

3 ㉠ 면에 알맞은 눈의 수를 구합니다.

LECTURE 주사위의 7점 원리

우리가 일반적으로 사용하는 주사위의 눈을 보면 서로 마주 보고 있는 면의 눈의 합은 항상 7입니다.
즉, 1이 쓰여진 면과 마주 보는 면의 눈은 6이고, 2가 쓰여진 면과 마주 보는 면의 눈은 5입니다.
이와 같이 주사위에서 서로 마주 보는 면의 눈의 합이 항상 7이 되는 것을 주사위의 7점 원리라고 합니다.

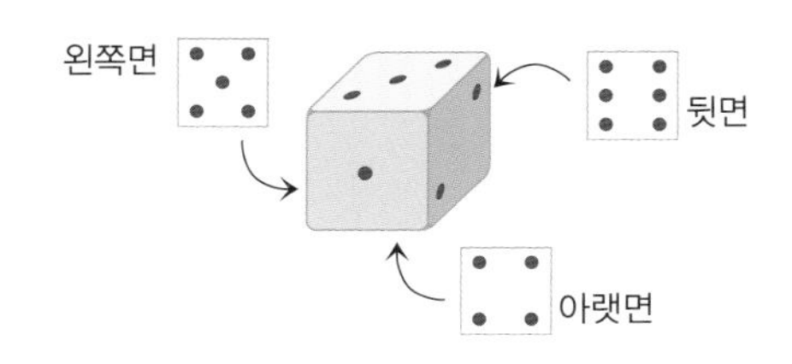

주사위의 마주 보는 두 면의 눈의 합은 7입니다. 다음 그림에서 주사위를 굴려서 색칠해진 면을 따라 밀지 않고 굴려서 ㉠까지 왔을 때, 주사위의 윗면에 보이는 눈은 얼마입니까?

주사위를 굴려 ㉠까지 왔을 때 바닥에 닿은 면의 눈을 구하여 7에서 뺍니다.

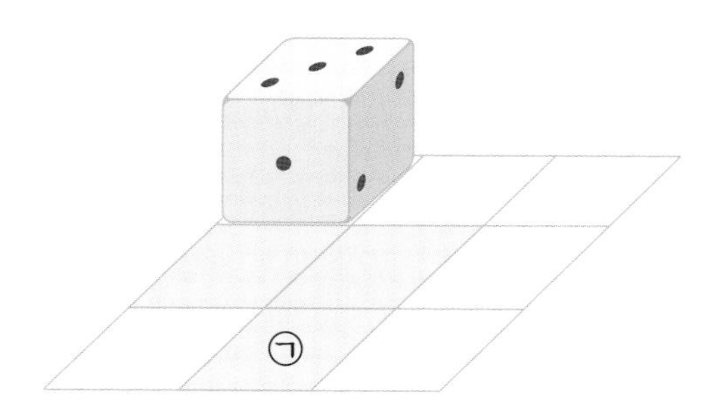

마주 보는 면의 눈의 합이 7인 주사위 3개를 한 줄로 놓았을 때, 바닥 면을 포함하여 겉면에 보이는 주사위의 눈의 합이 가장 클 때의 값을 구하시오.

겉면에 보이는 눈의 합이 가장 클 때에는 보이지 않는 면에 있는 눈의 합이 가장 작을 때입니다.

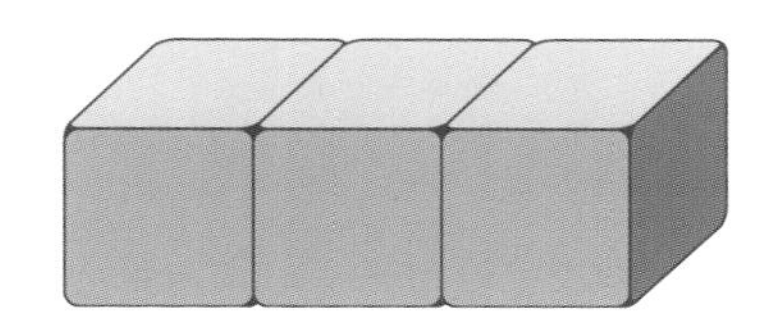

3. 세 면에서 본 주사위

Free FACTO

주사위의 마주 보는 면의 눈의 합은 7입니다. 다음 주사위 중 돌리거나 뒤집어서 같은 모양이 되지 않는 것은 어느 것입니까?

 ① 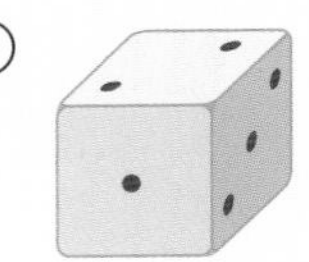

 ② 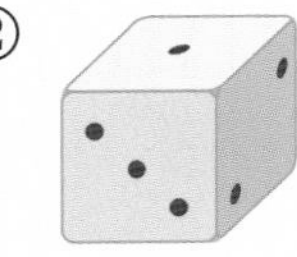

 ③ 

 ④ 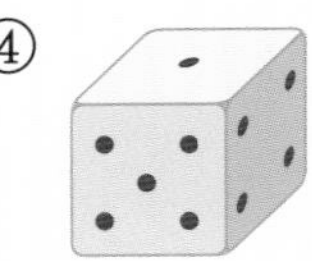

생각의 흐름

1 주사위의 마주 보는 두 면의 눈의 합이 7임을 이용하여 보이지 않는 면의 눈을 생각합니다.

2 눈의 수가 1, 2, 3인 면의 위치를 찾아 주사위를 볼 때 1, 2, 3이 배열된 방향을 알아봅니다.

LECTURE 주사위의 종류

7점 원리를 만족하는 주사위는 그림과 같이 면의 눈 1, 2, 3을 시계 반대 방향으로 배열한 주사위와 시계 방향으로 배열한 주사위 2가지가 있습니다. 이를 각각 좌회전 주사위, 우회전 주사위라고 말합니다.
좌회전 주사위는 돌리거나 뒤집어도 우회전 주사위와 같은 모양이 되지 않습니다.

(좌회전 주사위)

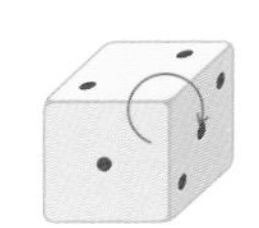

(우회전 주사위)

다음 주사위 중에서 돌리거나 뒤집어서 같은 모양이 되지 않는 것을 고르시오.

1을 기준으로 2, 3, 4, 5의 돌아가는 방향이 다른 것을 찾습니다.

① 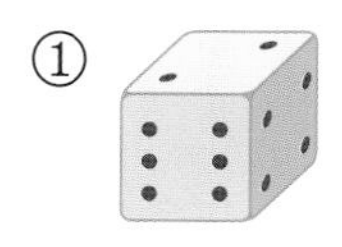 ② 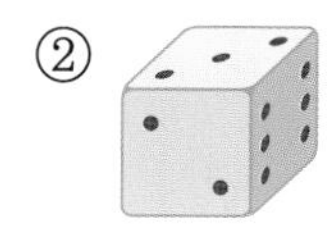 ③ 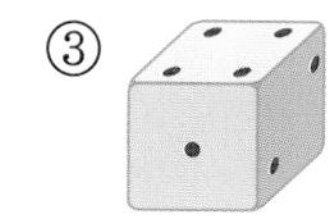 ④ 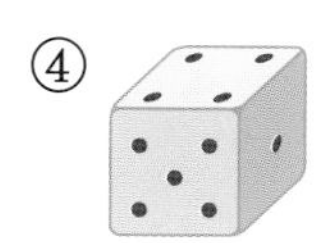 ⑤ 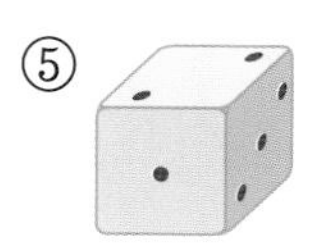

왼쪽과 같은 주사위 3개를 쌓아서 오른쪽 모양을 만들었습니다. 맞닿는 면의 눈의 수가 같을 때, ㈎ 면에 있는 눈의 수는 얼마입니까?

좌회전 주사위입니다.

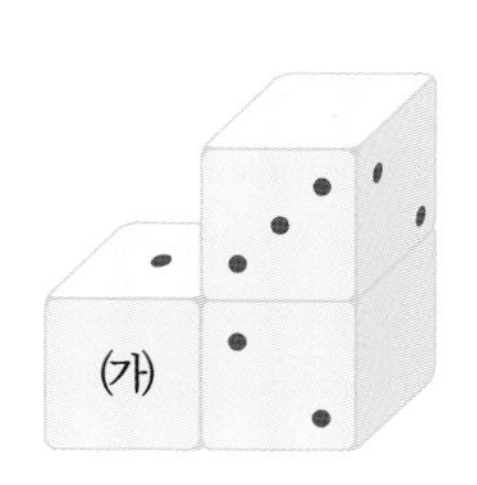

Creative 팩토

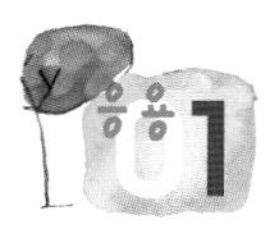

주사위의 마주 보는 면의 눈의 합이 7이 되도록 전개도에 눈을 그려 넣으시오.

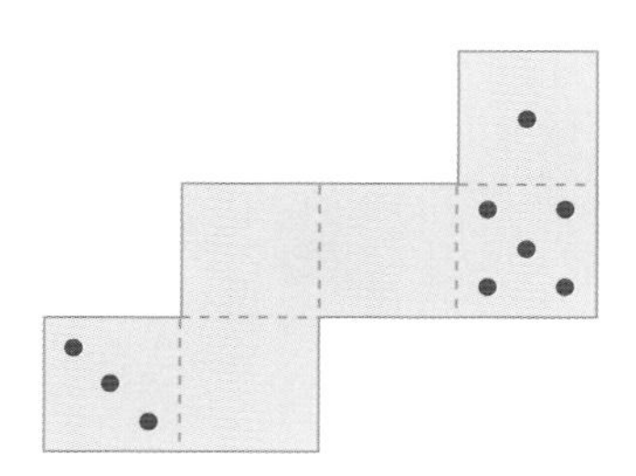

KeyPoint
서로 마주 보는 면을 찾습니다.

㈎와 같은 정육면체의 전개도 5개를 접어서 ㈏와 같이 쌓았습니다. 앞에서 보이는 다섯 면의 수가 다음과 같을 때, 뒤에서 보이는 다섯 면의 수의 합을 구하시오. (단, 숫자가 쓰여진 방향은 생각하지 않습니다.)

㈎

4
3 6 5
8 7

㈏

4 7
8 6 5

KeyPoint
마주 보는 면이 어느 것인지 찾아 봅니다.

다음과 같이 마주 보는 면의 눈의 합이 7인 주사위 4개를 쌓았습니다. 이 때 바닥 면을 포함하여 보이지 않는 7개 면의 눈의 합을 구하려고 합니다.

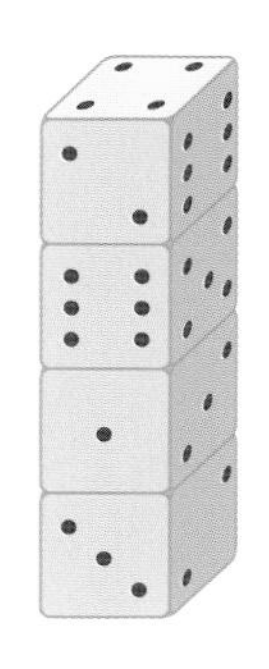

(1) 가장 위에 쌓인 주사위의 보이지 않는 면의 눈의 수는 얼마입니까?

(2) 가운데 쌓인 주사위 2개는 모두 두 면이 보이지 않습니다. 보이지 않는 두 면의 눈의 합은 각각 얼마입니까?

(3) 가장 아래에 있는 주사위의 가려져 보이지 않는 두 면의 눈의 합을 구하고, 보이지 않는 7개의 면의 눈의 합을 구하시오.

다음 전개도를 접어 주사위를 만들었을 때, 한 꼭지점에 모이는 세 면의 수의 곱이 가장 클 때의 값을 구하시오.

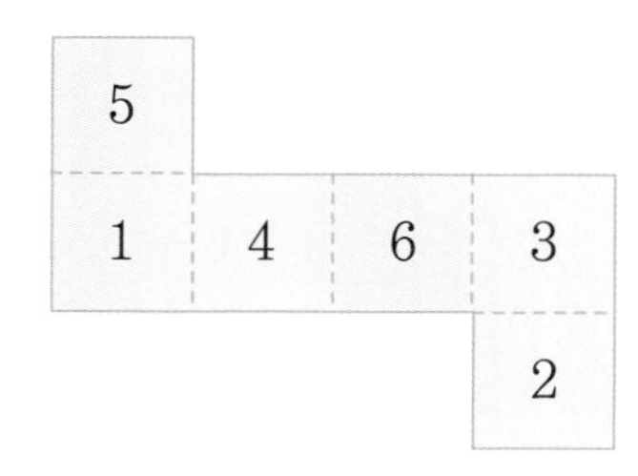

KeyPoint
주사위는 꼭지점이 8개 있습니다.

마주 보는 면의 눈의 합이 7인 |보기|와 같은 주사위 3개를 그림과 같이 쌓았습니다. 바닥 면을 포함하여 겉면에 보이는 주사위의 눈의 합은 얼마입니까?

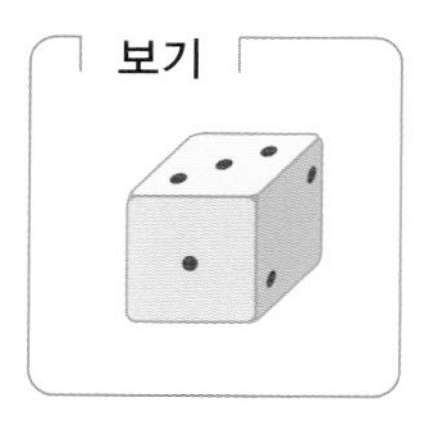

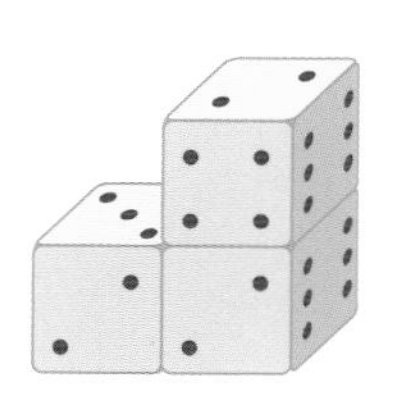

KeyPoint
주어진 주사위는 좌회전 주사위임을 이용하여 왼쪽 주사위의 오른쪽 면의 눈을 구합니다.

주사위는 마주 보는 두 면의 눈의 합이 7입니다. 다음 그림에서 주사위를 밀지 않고 굴려서 ㉠까지 왔을 때, 윗면에 보이는 눈의 수를 구하시오.

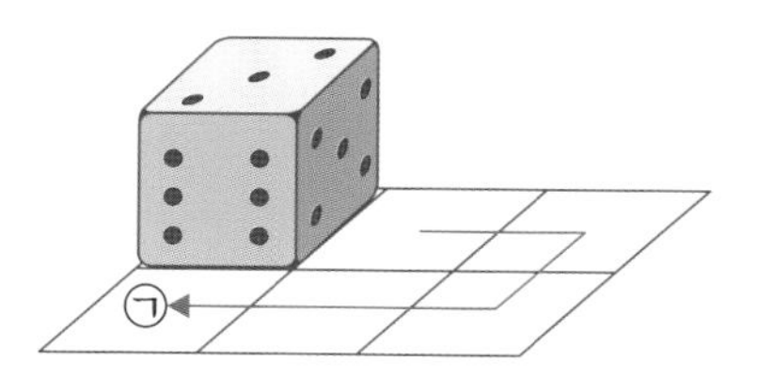

Key Point
바닥 면에 어떤 눈이 닿는지 차례로 생각해 봅니다.

주사위를 한 꼭지점 방향에서 보면 |**보기**|와 같이 세 면이 보이고, 보이는 세 면의 눈의 합은 6입니다. |**보기**|와 같이 주사위를 세 면이 보이는 방향에서 바라보았을 때, 나올 수 있는 세 면의 눈의 합은 얼마입니까?

보기

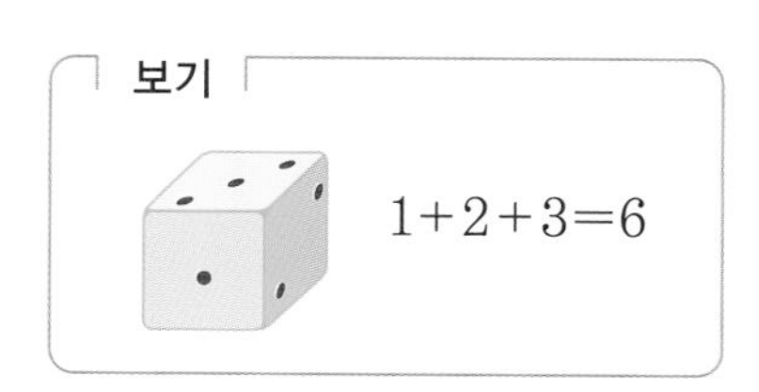

$1+2+3=6$

Key Point
각 꼭지점에서 세 면의 눈의 합을 구해 봅니다.

4. 투명 입체도형

Free FACTO

다음과 같이 투명한 정육면체의 면에 굵은 선을 그었습니다. 이 정육면체를 위에서 본 모양이 다음과 같을 때, 앞, 옆에서 본 모양을 각각 그리시오.

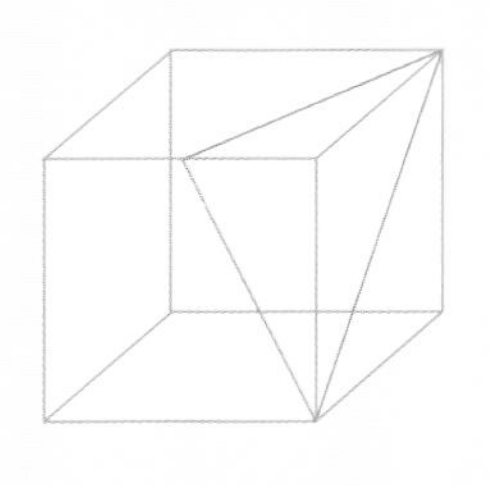

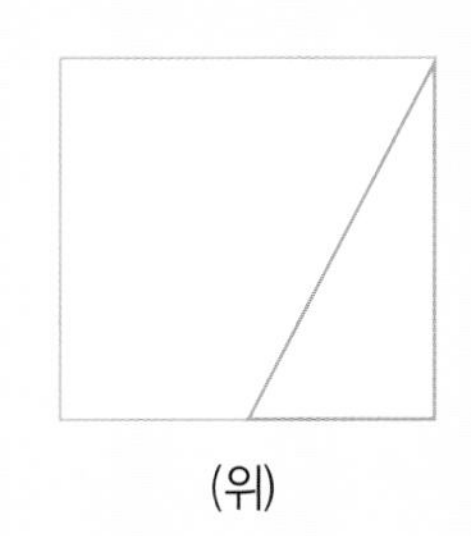
(위)

(앞)

(옆)

생각의 흐름

1 앞에서 보면 앞면과 뒷면의 모양이 겹쳐 보이고 옆면과 위, 아래 면의 선은 사각형의 변에 나타납니다.

2 옆에서 보면 위, 아래, 앞, 뒷면의 모양은 사각형의 변에 선으로 나타납니다.

LECTURE 투명한 입체도형

투명한 플라스틱으로 만든 입체도형은 공간감각을 익히기에 매우 좋습니다. 입체도형을 투시해서 볼 수 있고, 안에 모래나 물을 넣으면 단면 공부도 할 수 있습니다.

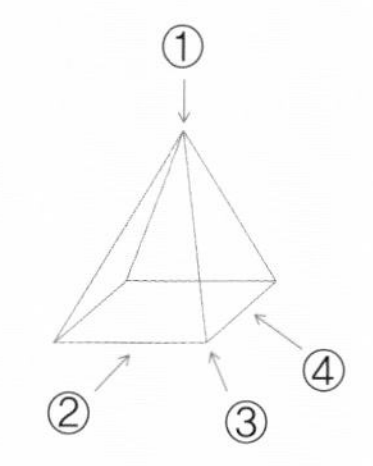

다음 그림은 투명한 사각뿔을 여러 방향에서 본 모양입니다.

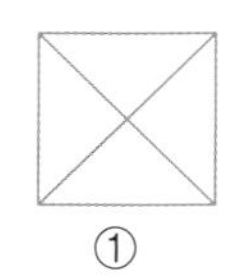
①

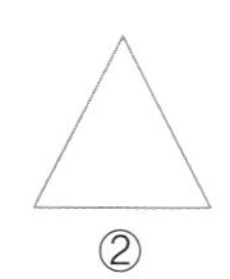
②

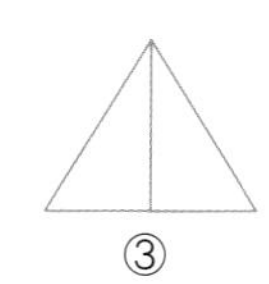
③

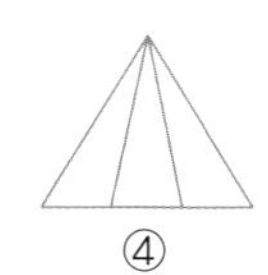
④

투명한 입체도형은 공간감각을 익히기에 매우 좋은 교구란다. 투시해서 볼 수도 있고, 단면, 블록의 개수 등을 공부하기에 유용하지!

투명한 직육면체에 그림과 같이 굵은 선을 3개 그었을 때, 위, 앞, 옆에서 본 모양을 각각 그리시오.

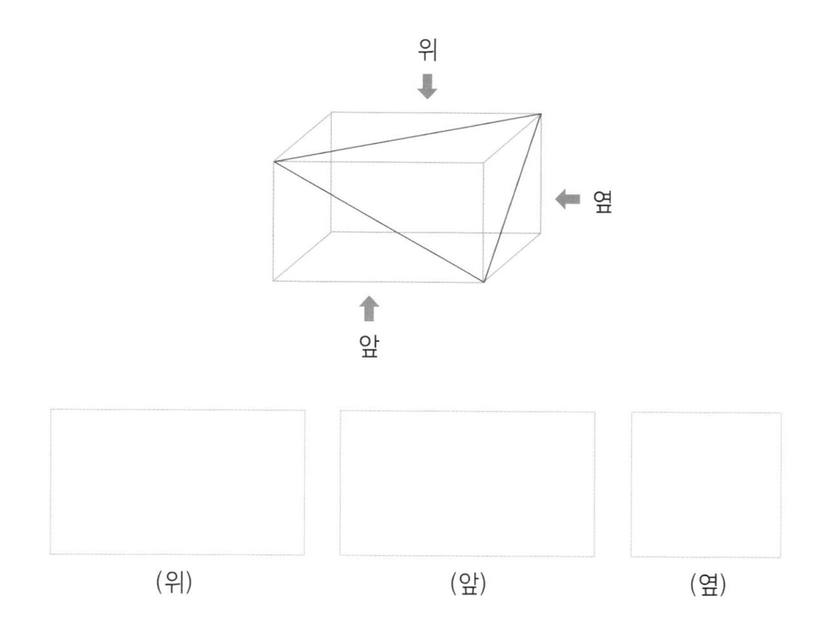

다음 투명한 정육면체의 각 꼭지점에 작은 공을 꽂아서 햇빛에 비추었을 때, 그림자 모양으로 될 수 없는 것을 고르시오.

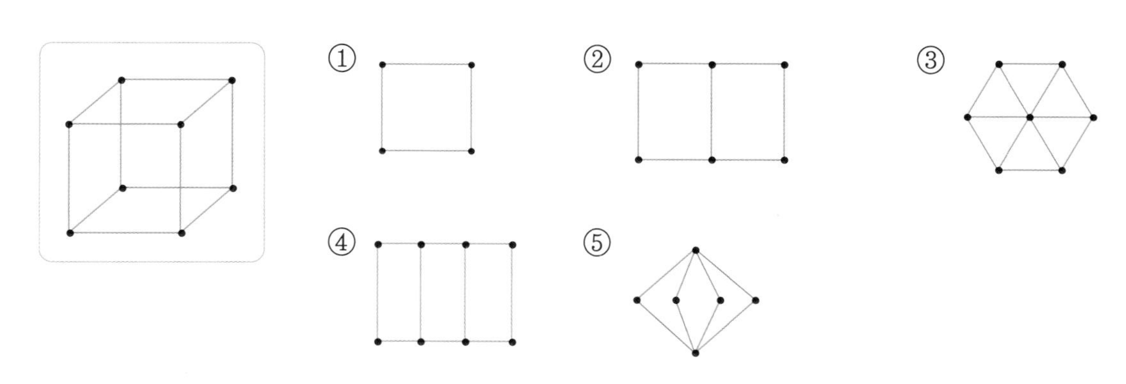

5. 여러 가지 전개도

Free FACTO

다음 중 왼쪽 전개도를 접었을 때의 도형은 어느 것입니까?

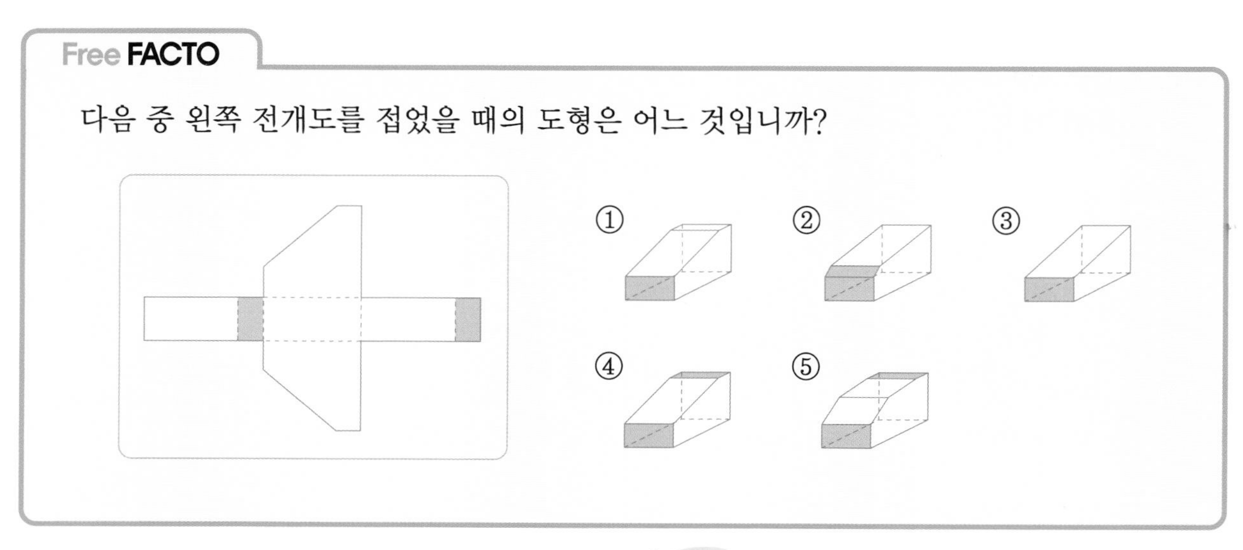

생각의 흐름 1 전개도를 접으면 옆면이 어떤 모양이 되는지 생각해 봅니다.

2 색칠해진 면이 어느 위치에 올지 생각해 봅니다.

다음 전개도를 접었을 때의 입체도형을 고르시오.

색칠해진 면이 어떻게 연결되어 있는지 살펴봅니다.

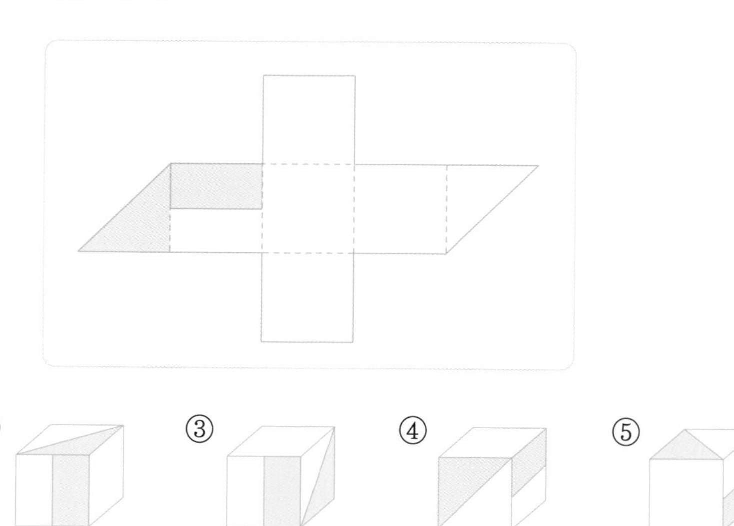

① ② ③ ④ ⑤

|보기|의 입체도형을 만들 수 없는 전개도를 모두 고르시오.

◆ 정삼각형 1개에 정사각형 3개가 연결됩니다.

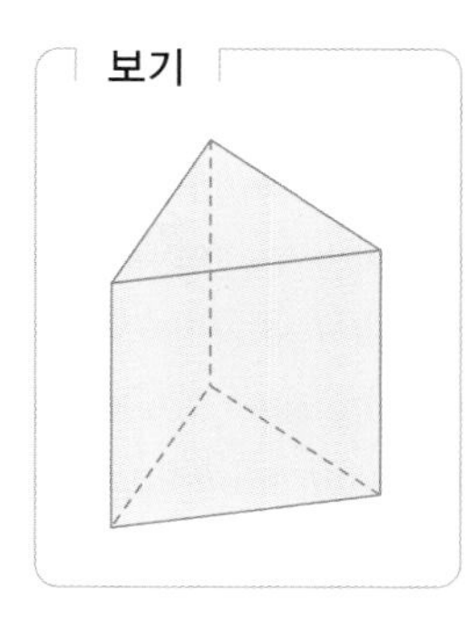

① 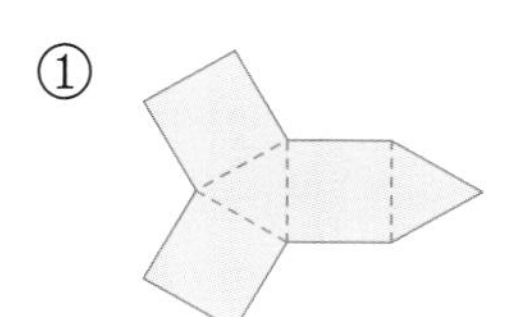

② 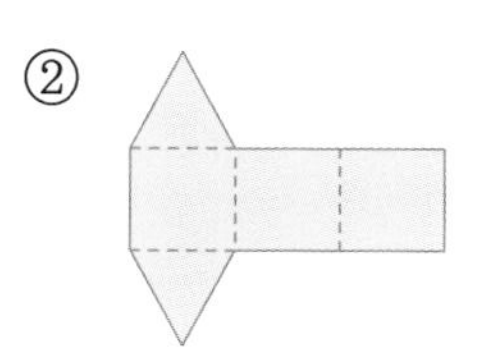

③ 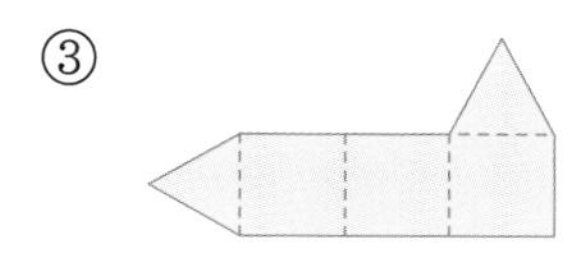

④ 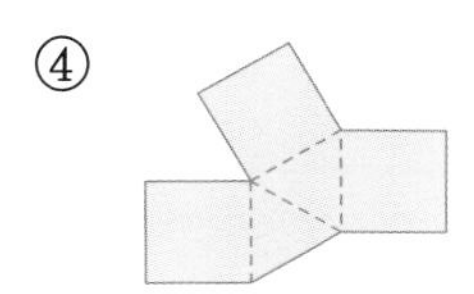

⑤ 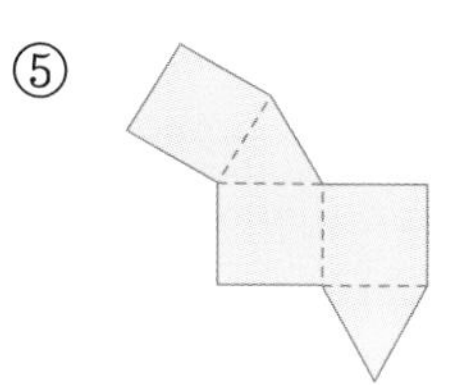

LECTURE 전개도에서 맞닿는 면

전개도에 관한 문제는 주어진 전개도에서 어느 변과 어느 변이 맞닿을지를 생각해야 합니다.

예를 들어, 다음 전개도에서 맞닿는 변을 살펴봅시다.

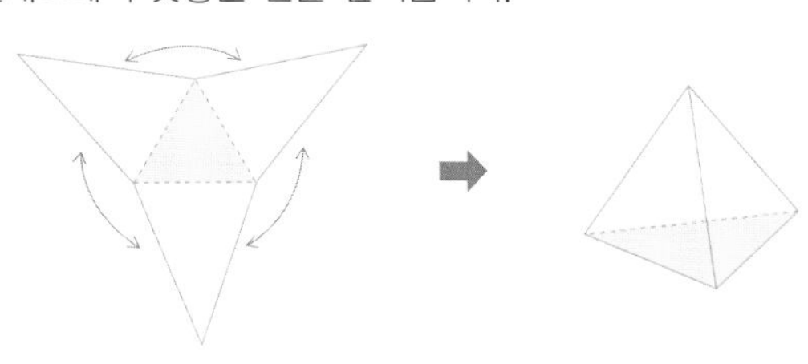

그러나 복잡한 전개도에서는 맞닿는 변을 찾기가 쉽지 않습니다. 평소에 직접 전개도를 그려서 오린 다음, 접어 보는 연습을 많이 해 봅니다.

6. 전개도의 활용

Free FACTO

다음 전개도를 접어서 만들 수 있는 입체도형의 모서리의 개수와 꼭지점의 개수를 구하시오.

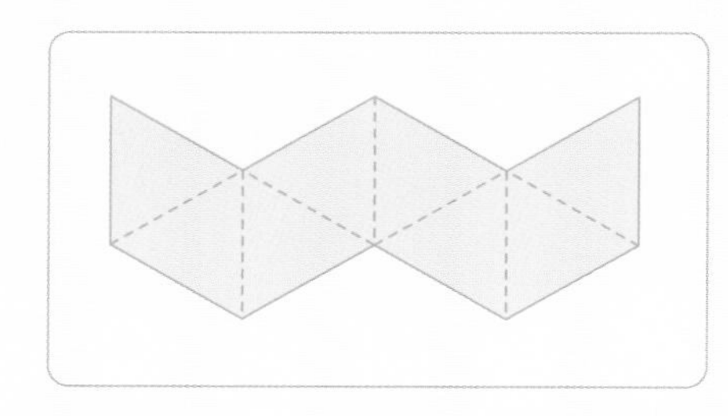

생각의 흐름

1 전개도에서 선은 모서리가 됩니다. 전개도 내부의 선은 1개의 모서리가 되고, 전개도를 접었을 때 바깥 선은 2개가 만나야 1개의 모서리가 됩니다. 모서리가 모두 몇 개인지 구합니다.

2 접었을 때 만나는 꼭지점을 찾아 꼭지점이 몇 개인지 구합니다.

LECTURE 전개도를 접었을 때의 모서리의 개수 구하기

전개도를 접었을 때의 모서리의 개수는 다음과 같이 구할 수 있습니다.
① 전개도의 안쪽에 있는 선은 접어서 1개의 모서리가 됩니다.
② 전개도의 바깥에 있는 선은 2개가 만나야 1개의 모서리를 이룹니다.
따라서, (전개도 내부의 선의 개수)+(전개도 바깥의 선의 개수)÷2=(모서리의 개수)가 됩니다.
예를 들어, 정육면체에서 전개도 내부의 점선은 5개이고 바깥선은 14개입니다.
따라서, 정육면체의 모서리의 개수는 5+14÷2=5+7=12(개)입니다.
간단한 입체도형의 경우에는 입체도형의 모양을 상상해 보는 것이 더 빠를 수도 있습니다.

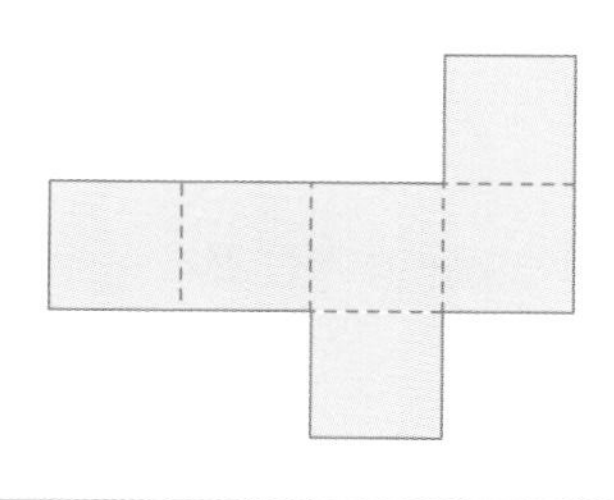

전개도를 보고 접었을 때의 모서리의 개수를 구하는 방법은 (전개도의 내부의 선의 개수)+(전개도 바깥 선의 개수)÷2로 구하면 돼!

다음 전개도를 접어서 만들 수 있는 입체도형의 모서리는 모두 몇 개입니까?

(전개도 내부의 선의 개수)+(전개도 바깥선의 개수)÷2로 구합니다.

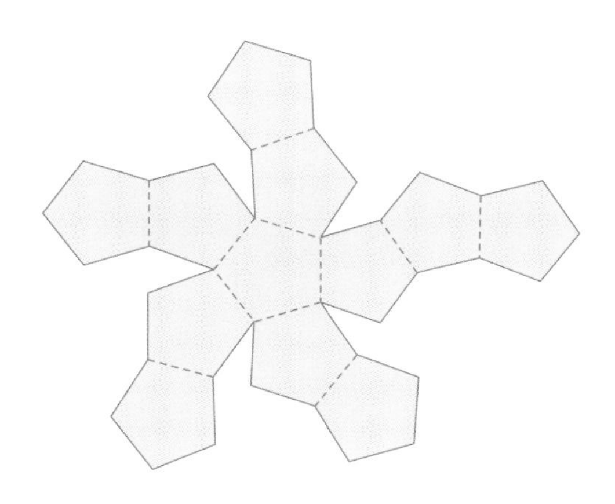

다음 전개도를 접어서 만들 수 있는 입체도형의 모서리의 개수와 꼭지점의 개수를 각각 구하시오.

전개도를 접으면 오른쪽 그림과 같은 모양이 나옵니다.

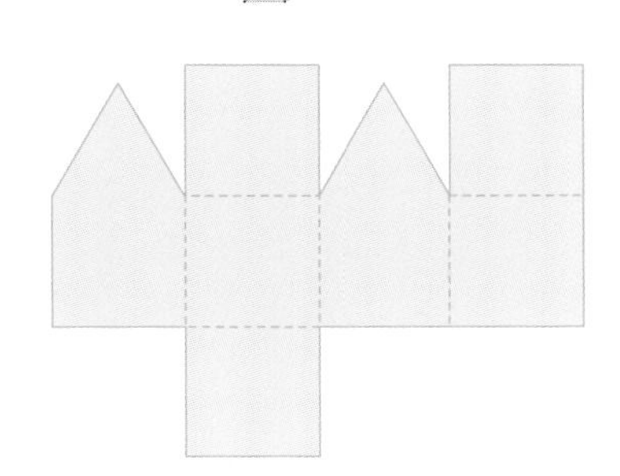

Creative 팩토

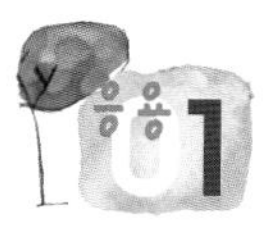

다음과 같이 투명한 직육면체 안에 삼각형 ㄱㄴㄷ을 만들었습니다. 점 ㄱ, ㄴ, ㄷ이 각 모서리의 중점이라고 할 때, 위, 앞, 옆에서 본 모양을 각각 그리시오.

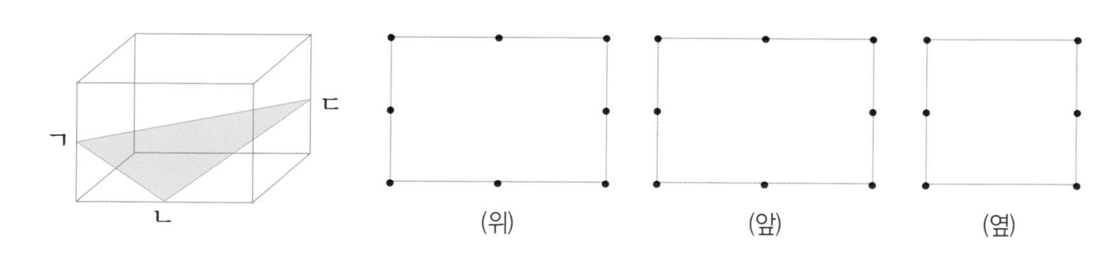

KeyPoint

위, 앞, 옆에서 보았을 때 점 ㄱ, ㄴ, ㄷ이 어느 위치에 오는지 생각해 봅니다.

다음 중 접어서 |보기|와 같은 입체도형을 만들 수 없는 것을 모두 고르시오.

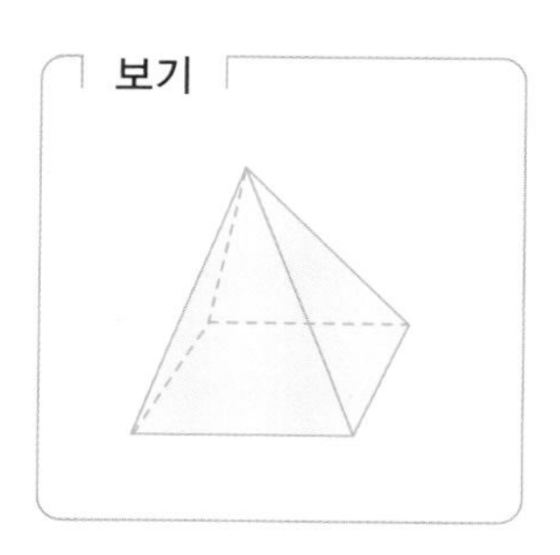

①

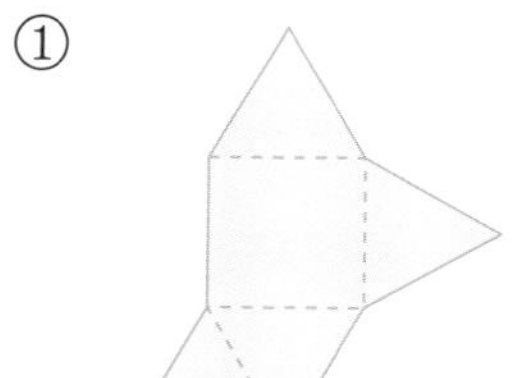

②

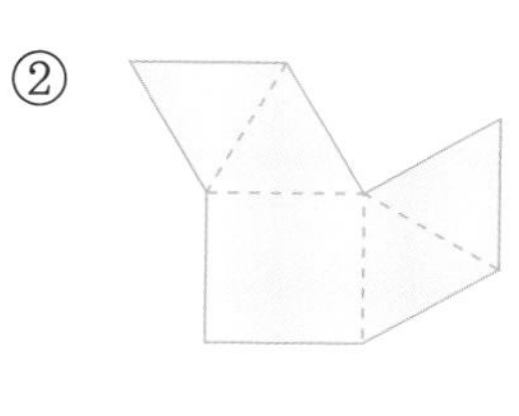

③

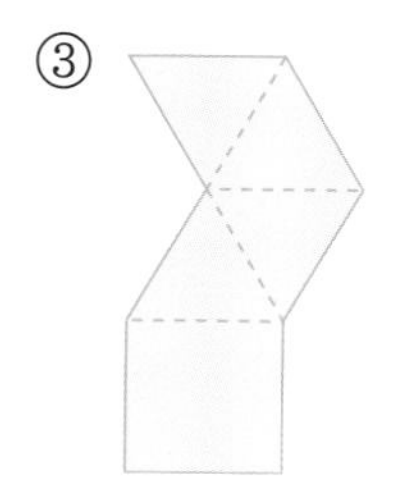

④

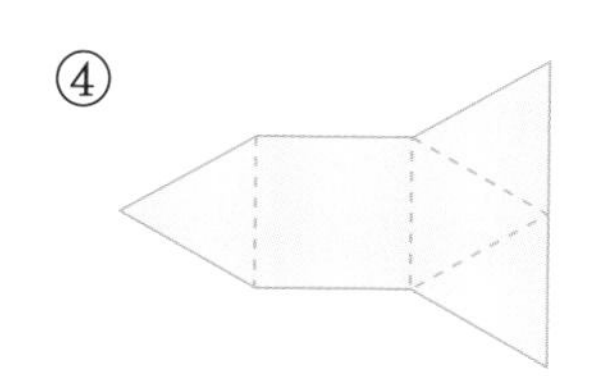

⑤

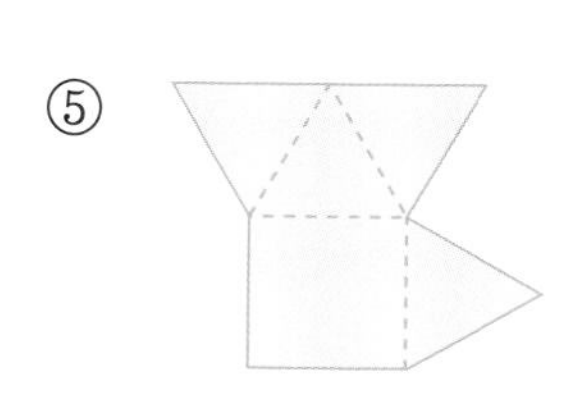

KeyPoint

삼각형은 반드시 사각형과 한 면이 맞닿아 있어야 합니다.

다음은 직육면체의 한 꼭지점 ㄱ에서부터 실을 감아 ㄴ까지 팽팽하게 잡아 당긴 것입니다. 실이 지나간 거리를 직육면체의 전개도에 그리시오.

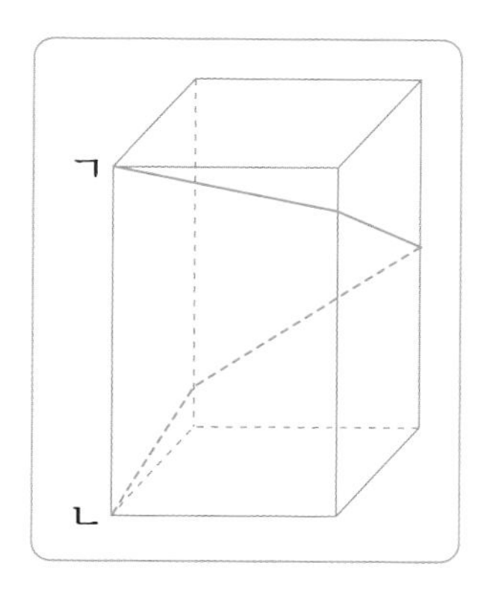

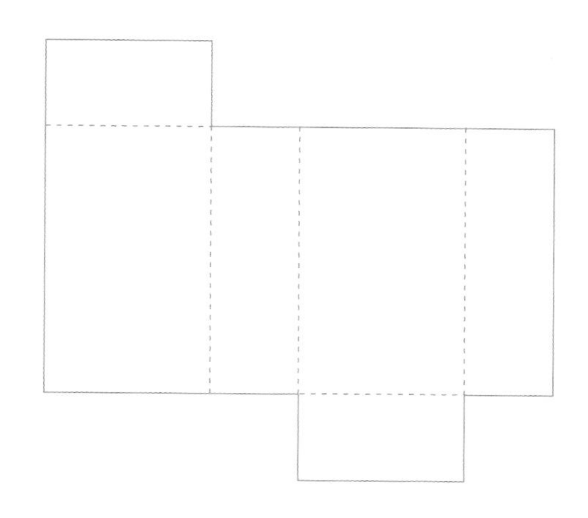

Key Point

실을 팽팽하게 잡아 당기면 전개도에서는 직선이 됩니다.

다음 도형의 전개도를 완성하시오.

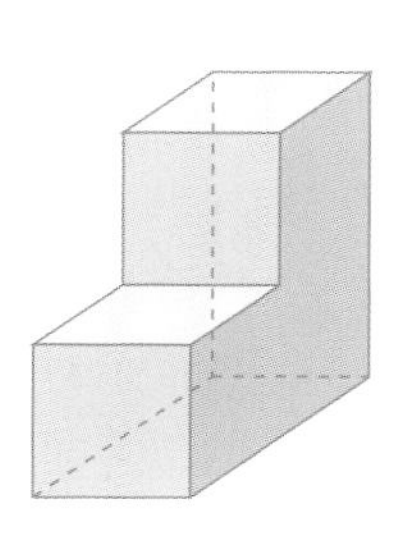

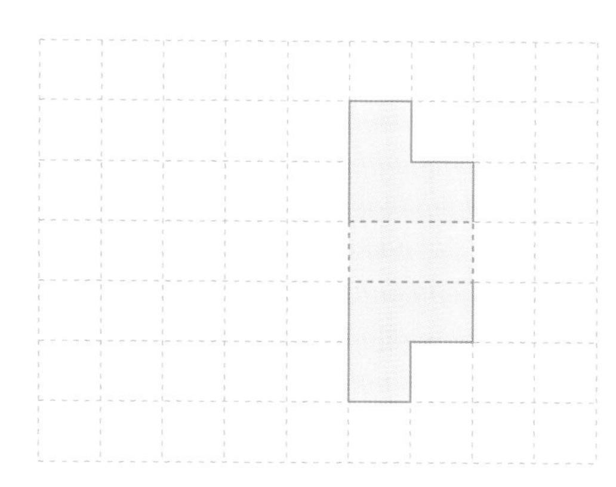

Key Point

기준면을 잡고 각 면이 어떻게 연결되었는지 하나씩 그려 봅니다.

응용 5 다음 그림과 같은 입체도형의 전개도를 그려 보시오.

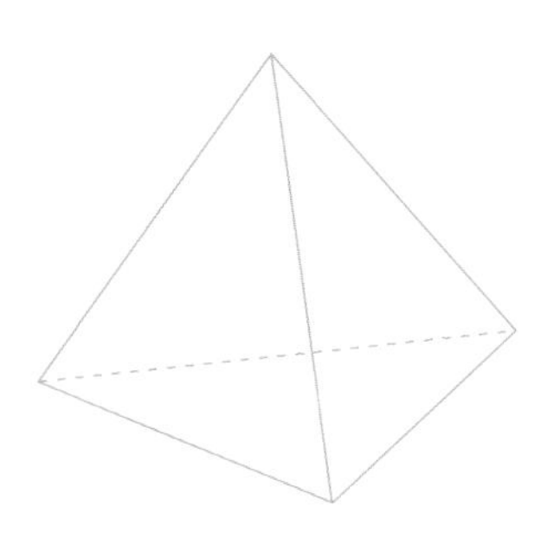

Key Point
입체도형의면이 정삼각형 4개로 되어 있습니다.

정육면체 8개를 사용하여 다음과 같은 모양의 큰 정육면체를 만들었습니다. 이 중에서 몇 개는 파란색 정육면체이고, 나머지는 투명한 정육면체입니다. 이 정육면체를 위에서 본 모양과 앞에서 본 모양이 다음과 같을 때, 옆에서 본 모양을 그려 보시오.

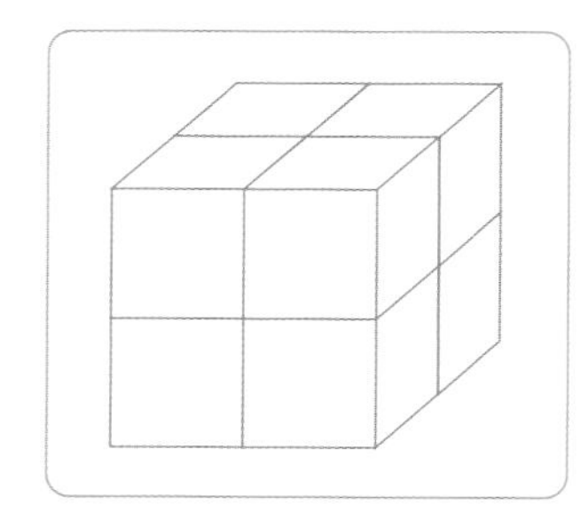

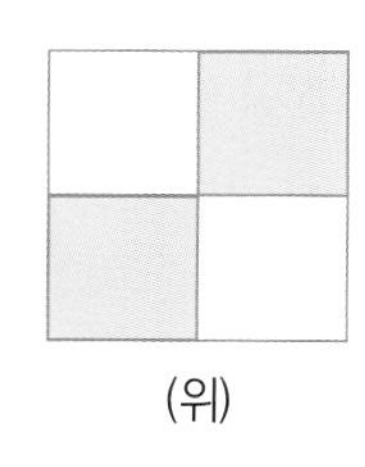
(위)

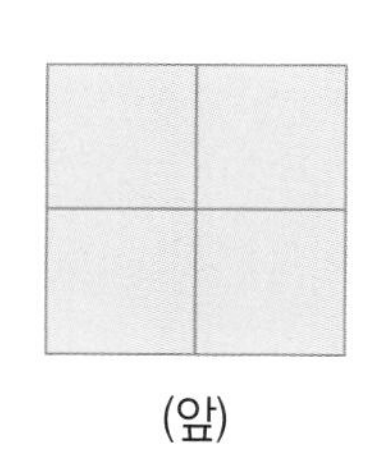
(앞)

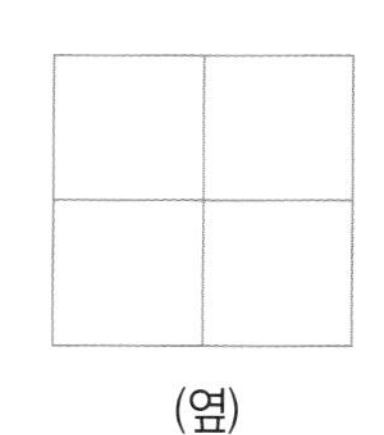
(옆)

Key Point
위에서 본 모양과 앞에서 본 모양을 입체도형에 칠해서 생각해 봅니다. 칠해지지 않은 부분은 그 줄에는 파란색 정육면체가 없는 것입니다.

다음은 입체도형의 전개도입니다. 점선을 따라 접어 만들 수 있는 입체도형의 이름을 쓰시오.

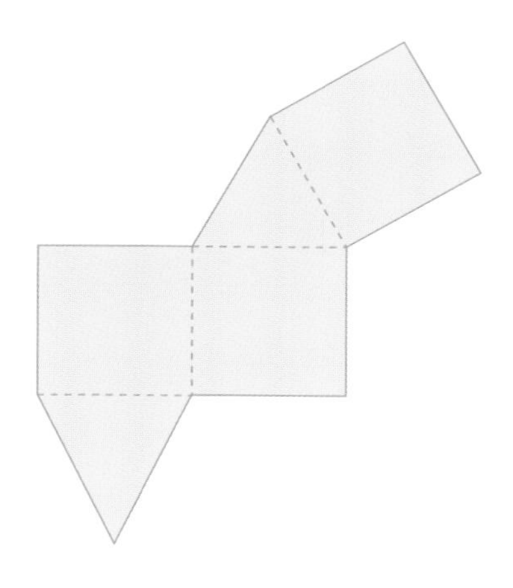

투명한 정육면체 모양의 통에 그림과 같이 물을 채웠습니다. 물이 닿은 부분을 전개도에 색칠하려고 합니다. 모양을 완성하시오.

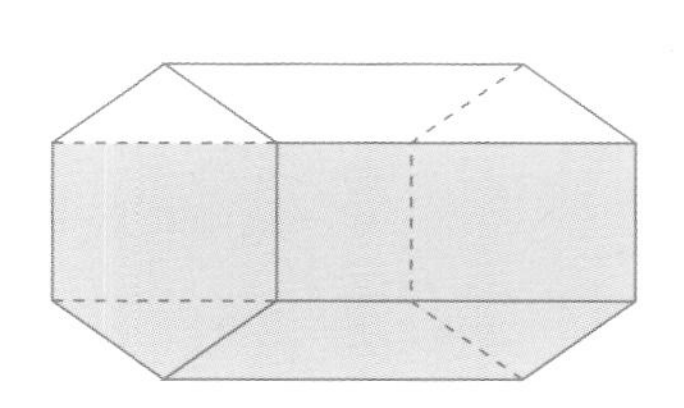

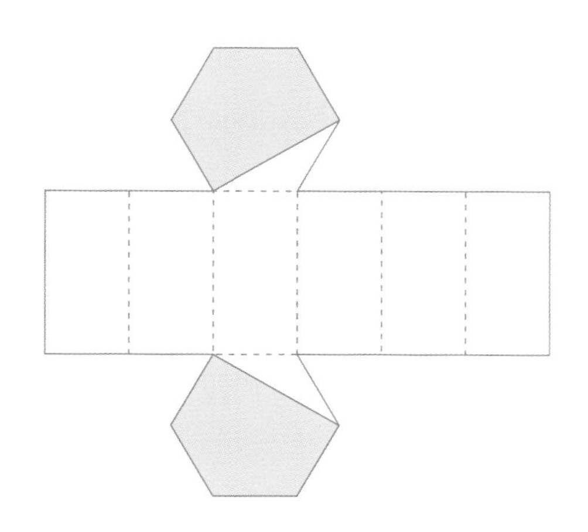

KeyPoint

직사각형 6개 중에서 4개가 색칠됩니다.

마주 보는 면의 눈의 합이 7인 주사위 두 개를 눈이 같은 면끼리 이어 붙였습니다. 붙여진 주사위를 세 면이 보이는 방향에서 바라 보았을 때, 보이는 눈의 합이 가장 큰 것은 얼마입니까? (지금 눈에 보이는 주사위의 합은 15입니다.)

왼쪽 전개도로 오른쪽 입체도형을 만들 때, 점 ㄱ에 닿는 점을 쓰시오.

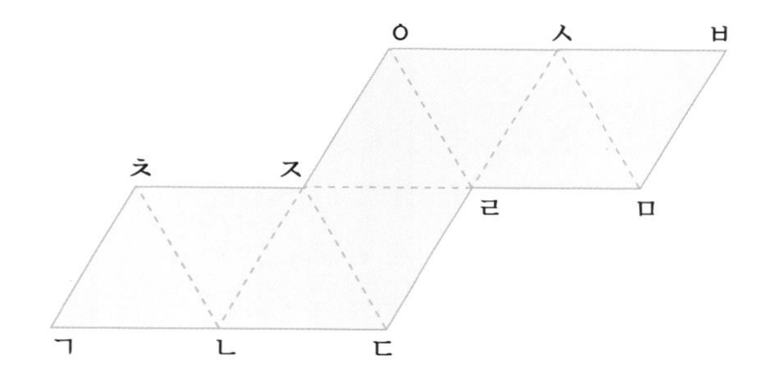

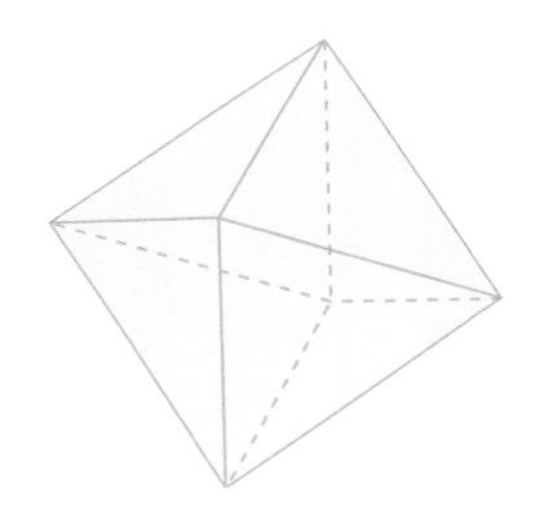

마주 보는 면의 눈의 합이 7인 주사위 3개를 다음과 같이 쌓았습니다. 바닥 면을 포함하여 겉면에 보이는 눈의 합이 가장 작을 때를 구하시오.

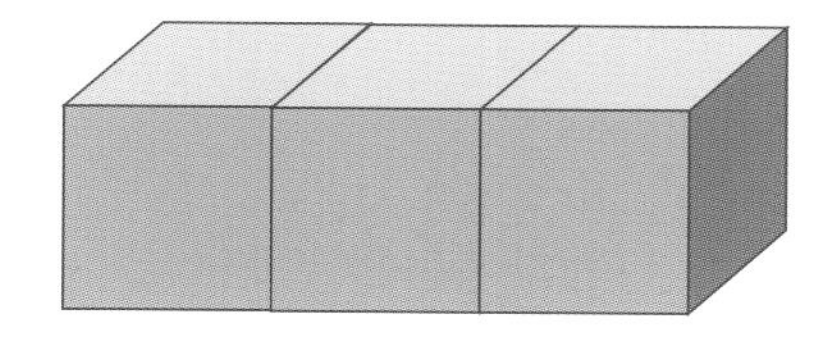

다음 입체도형의 모서리가 10cm로 그 길이가 모두 같습니다. 실로 변 ㄴㄷ의 중점에서 출발하여 그림과 같이 한 바퀴 감아 다시 변 ㄴㄷ의 중점으로 돌아올 때, 실을 팽팽하게 당기면 실의 길이는 몇 cm가 되는지 구하시오.

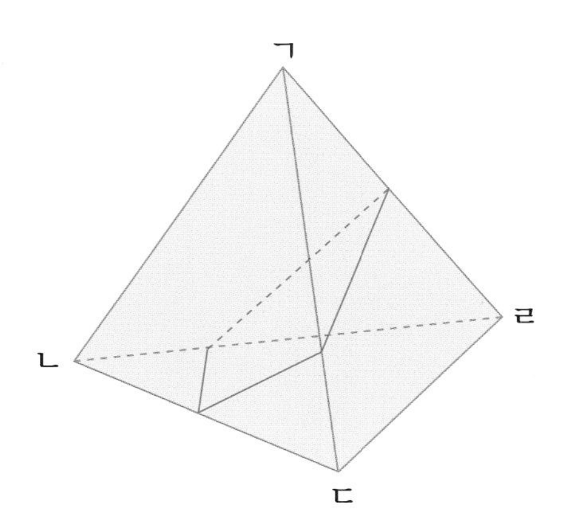

다음은 3개의 주사위를 눈의 수가 같은 면끼리 맞닿도록 붙여 놓은 것입니다. 모양이 다른 주사위 1개를 찾으시오.

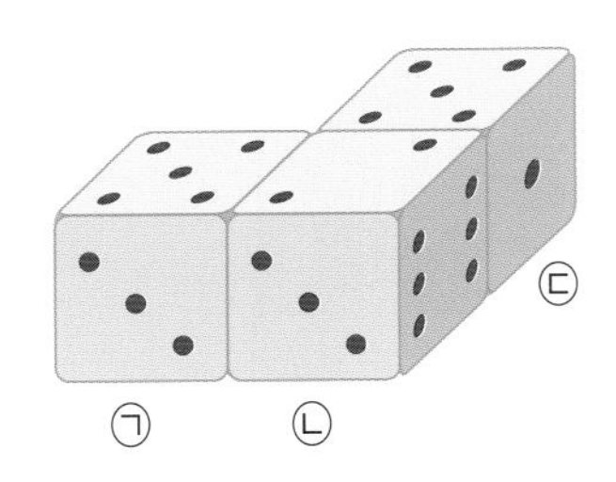

|**보기**|와 같은 주사위 4개를 다음과 같이 쌓았습니다. 서로 맞닿은 면의 눈이 같을 때, ㉠에 보이는 눈은 얼마입니까?

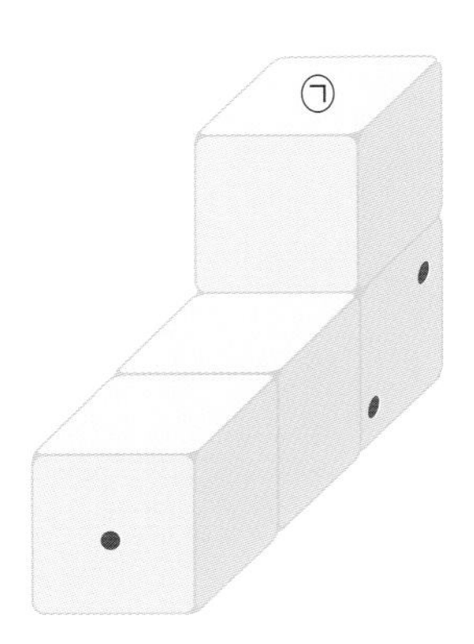

투명한 정육면체 12개로 직육면체를 만들었습니다. 이 중 몇 개의 정육면체를 연두색 정육면체로 바꾸었더니 다음과 같은 모양이 되었습니다. 이 정육면체의 위, 앞, 옆에서 본 모양을 그리시오.

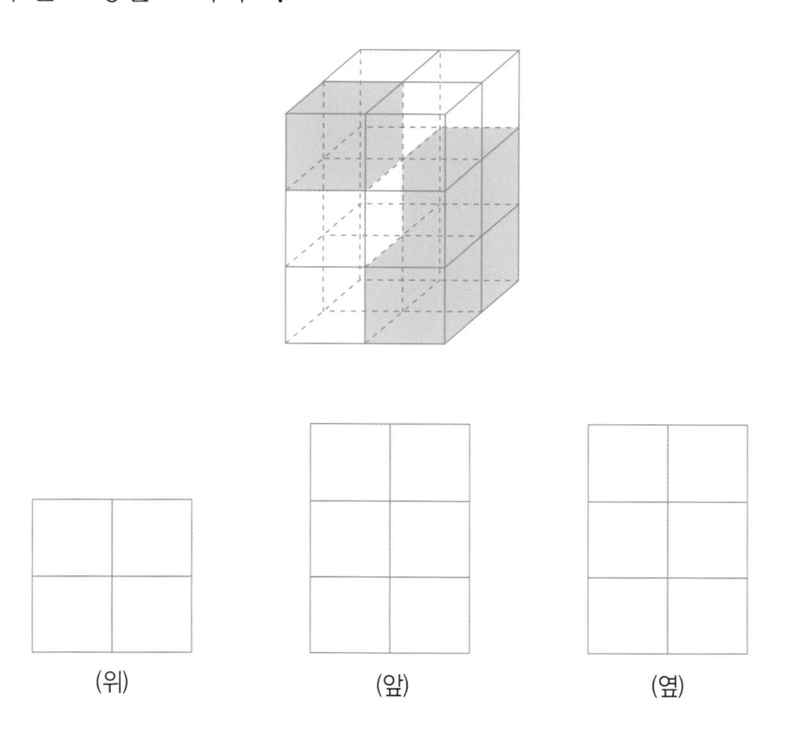

Memo

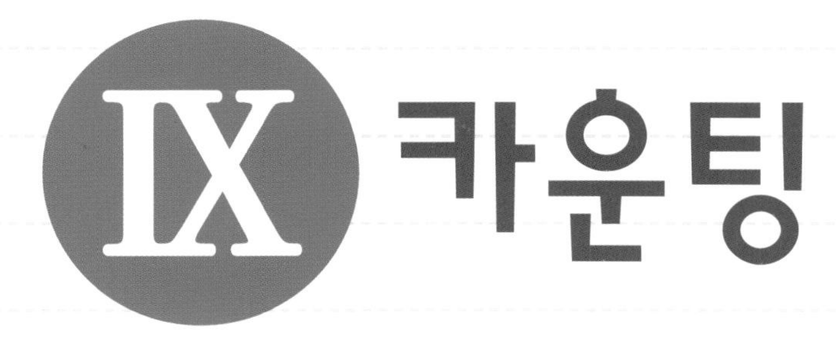

IX 카운팅

1. 최단경로의 가짓수 2

Free FACTO

출발점에서 도착점까지 가는 가장 빠른 길은 모두 몇 가지입니까?

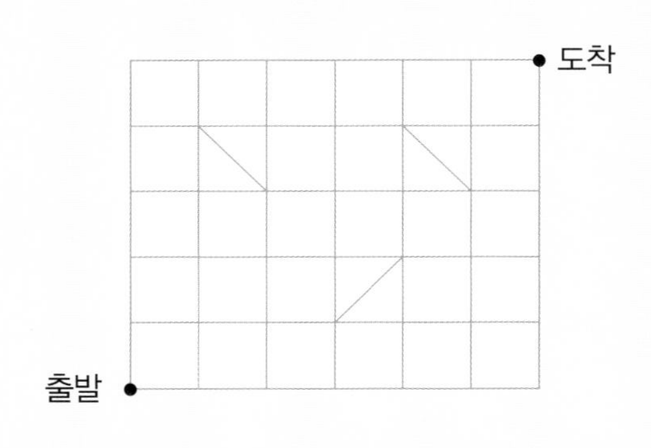

생각의 흐름

1 그림에는 대각선 방향의 선들이 있습니다. 가장 빨리 가려면 어떤 대각선 방향의 선을 이용해야 하는지 생각합니다.

2 출발점에서 대각선 방향의 선까지 가는 최단경로의 가짓수와 대각선 방향의 선에서 도착점까지 가는 최단경로의 가짓수를 구하여 곱합니다.

LECTURE 최단경로의 가짓수

최단경로를 찾을 때의 기본은 '방향'을 생각하는 것입니다.
물론, 출발점에서 도착점까지 일직선으로 가는 것이 가장 빠른 길이지만, 수학 문제나 현실에서 길이 일직선으로 나 있지 않은 경우가 대부분이므로 어떤 방향으로 가야 가장 빨리 도착할 수 있는지를 먼저 파악해야 합니다.

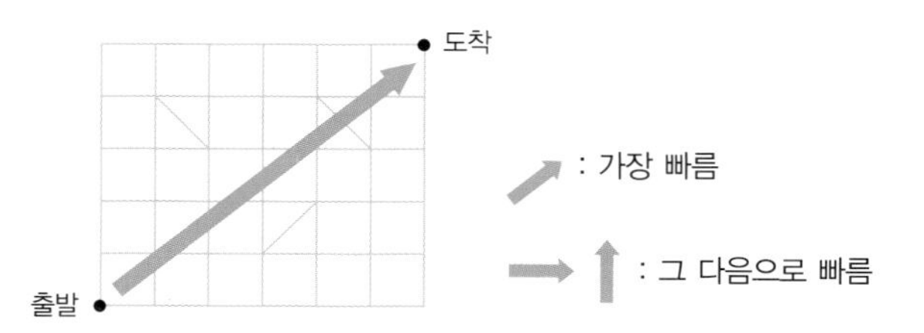

또한, 다양한 방향의 길들이 있다면, 출발점에서 도착점으로 가는 일직선 방향에 가까운 길을 최대한 많이 이용해야 최단경로가 된다는 점도 중요합니다.

최단경로를 찾을 때에는 가장 빨리 갈 수 있는 방향을 먼저 파악하는 게 중요해.
또한, 일직선 방향에 가까운 길을 최대한 많이 이용해야 하지!

중현이네 마을에는 다음 그림과 같은 길이 나 있습니다. 집에서 도서관까지 가는 가장 빠른 길은 모두 몇 가지 있습니까?

가장 빨리 가려면 위에서 오른쪽 아래 방향의 대각선 길을 최대한 많이 지나야 합니다.

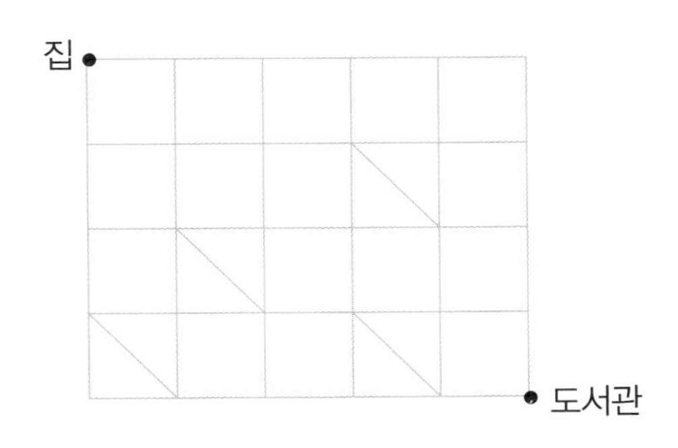

점 ㄱ에서 점 ㄴ까지 선을 따라 가장 빨리 가는 방법은 모두 몇 가지입니까?

가장 빨리 가려면 어느 방향으로 가면 안 되는지 생각하고, 그 방향의 선을 지웁니다.

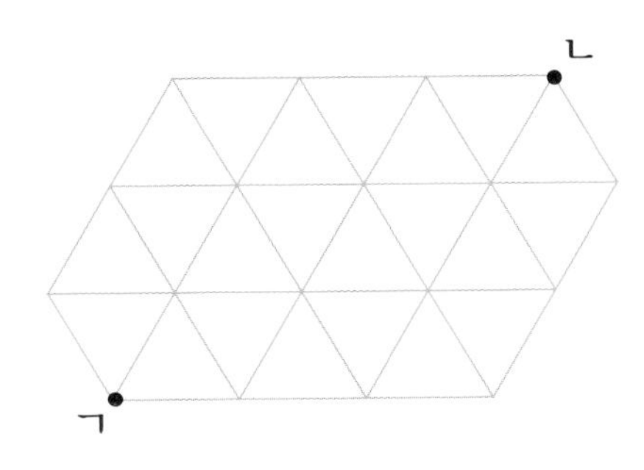

2. 길의 가짓수

Free FACTO

점 ㄱ에서 점 ㄴ까지 선을 따라 가는 방법은 모두 몇 가지입니까? (단, 같은 점은 여러 번 지나도 되지만, 같은 선분을 여러 번 지날 수 없습니다.)

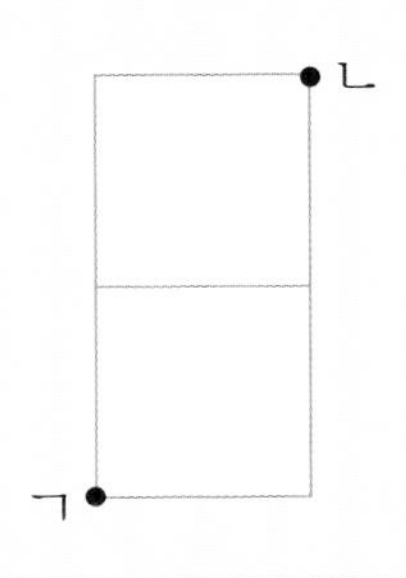

생각의 흐름

1 점 ㄱ에서 점 ㄴ까지 가는 방법을 선분을 몇 개 지나는지에 따라 경우를 나누어 봅니다.

2 1에서 나눈 각 경우마다 몇 가지 방법이 있는지 세어 봅니다.

LECTURE 길의 가짓수

점 ㄱ에서 점 ㄴ까지 갈 때 지나는 선분의 개수는 반드시 짝수 개입니다. 그 이유는 다음의 방법으로 알 수 있습니다.

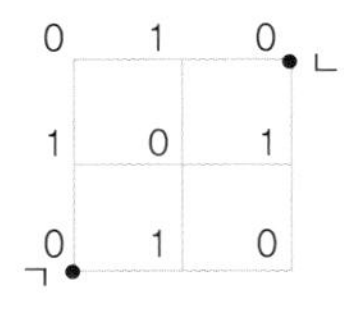

위의 그림과 같이 점 ㄱ에 0을 쓴 다음, 0이 쓰인 점에서 선분 1개를 지나서 가는 점에는 1을, 1이 쓰인 점에서 선분 1개를 지나서 가는 점에는 0을 써 봅니다. 그러면 0이 쓰여진 점에서 0이 쓰여진 점으로 가려면 반드시 짝수 개의 선분을 지나야 하는 것을 알 수 있고, 점 ㄴ은 0이 쓰여진 점입니다.

점 ㄱ에서 점 ㄴ까지 갈 때 가장 적은 선분을 지날 때는 4개를 지나고, 가장 많은 선분을 지날 때는 8개를 지나므로 지나는 선분의 개수는 4개, 6개, 8개 중 하나가 됩니다.

따라서, 각각의 경우에 몇 가지 방법이 있는지 세어 보면 모든 길의 가짓수를 구할 수 있습니다.

점 ㄱ에서 점 ㄴ까지 갈 때 지나는 선분의 개수는 반드시 짝수 개이지.
가장 적은 선분을 지날 때는 4개를 지나고, 가장 많은 선분을 지날 때는 8개를 지나므로 지나는 선분의 개수는 4개, 6개, 8개 중 하나야.
각각의 경우의 가짓수를 알아보면 모든 길의 가짓수를 구할 수 있지!

시작점에서 끝점까지 선을 따라 가는 방법은 모두 몇 가지입니까? (단, 한 번 지난 선분을 다시 지나지 않습니다.)

시작점에서 끝점까지 갈 때 지나는 선분의 개수에 따라 경우를 나누어 세어 봅니다.

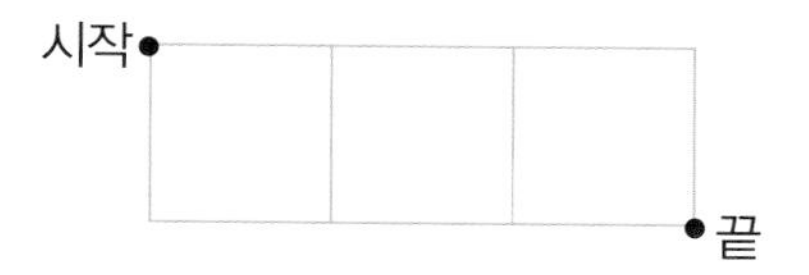

다음과 같이 철사로 만든 정육면체 모양이 있습니다. 이 정육면체의 A 점에 있는 개미가 B 점까지 모서리를 따라서 갈 때, 모서리를 몇 개 지나게 되는지 가능한 개수를 모두 구하시오.(단, 한 번 지난 점은 다시 지날 수 없습니다.)

정육면체의 꼭지점은 모두 8개입니다.

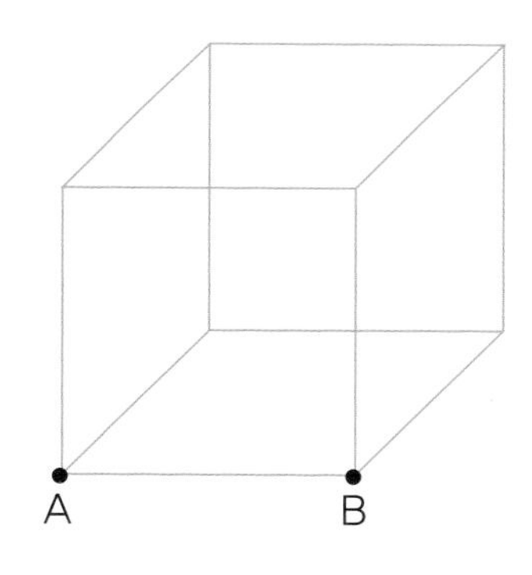

3. 프로베니우스의 동전

Free FACTO

다음과 같은 과녁이 있습니다. 이 과녁에 화살을 쏘면 8점, 13점, 21점 등의 점수는 얻을 수 있지만, 4점, 6점, 11점과 같은 점수는 얻을 수 없습니다. 얻을 수 없는 점수 중에서 가장 큰 점수는 몇 점입니까?

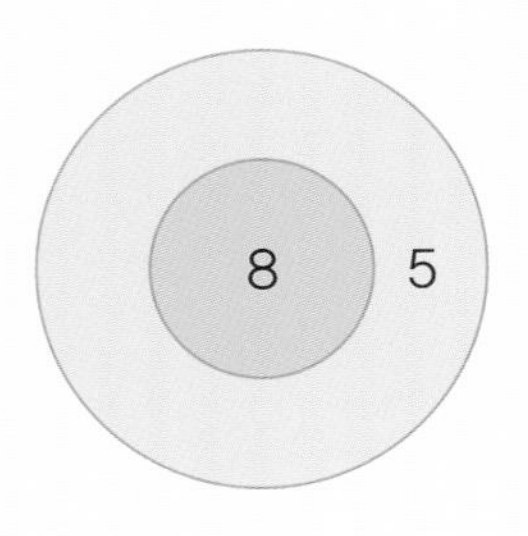

생각의 흐름

1 다음과 같이 1부터 차례대로 한 줄에 5개씩 수를 써 봅니다.

1	2	3	4	5
6	7	8	9	10
11	12	13	14	15
16	17	18	19	20
21	22	23	24	25
26	27	28	29	30
		⋮		

8점을 얻을 수 있다면 8의 아래에 있는 수들도 얻을 수 있는 점수인지 알아봅니다.

2 얻을 수 있는 점수의 아래에 있는 수들은 모두 얻을 수 있다는 것을 이용하여 얻을 수 없는 점수 중에서 가장 큰 점수를 찾습니다.

종헌이는 60원짜리 우표 3장과 90원짜리 우표 2장을 가지고 있습니다. 종헌이가 지불할 수 있는 우편 요금은 모두 몇 가지입니까?

90원짜리 우표를 0장, 1장, 2장을 사용한 경우로 나누어서 따져 봅니다. 또한, 우편 요금이 같아지는 경우에 주의합니다.

4와 7의 합으로 다음과 같이 7, 11, 12, 14, 15, …를 나타낼 수 있습니다.

$$7=7,\quad 11=4+7,\quad 12=4+4+4,\quad 14=7+7,\quad 15=4+4+7,\ \cdots$$

하지만 3, 5, 10, 13과 같은 수들은 4와 7의 합으로 나타낼 수 없습니다. 이와 같이 4와 7의 합으로 나타낼 수 없는 수 중에서 가장 큰 수는 무엇입니까?

1부터 차례대로 한 줄에 4개씩 수를 쓴 다음, 4와 7의 합으로 나타낼 수 있는 수를 지워 봅니다.

LECTURE 프로베니우스의 동전

90쪽 문제의 과녁에 화살을 쏘면 5점 또는 8점을 얻을 수 있으므로 얻을 수 있는 점수에 5점을 더한 점수는 반드시 얻을 수 있는 점수라는 것을 이용하기 위해 한 줄에 5개씩 수를 써서 문제를 해결하였습니다. (물론, 한 줄에 8개씩 수를 써서 풀어도 됩니다.)
이러한 방법으로 어떤 두 수의 합으로 나타낼 수 없는 수 중에서 가장 큰 수를 찾는 문제를 풀 수도 있지만, 공식화된 더 간단한 방법이 있습니다.
독일의 수학자 프로베니우스의 이름을 따서 붙여진 '프로베니우스의 동전' 규칙입니다.
즉, 서로소인 두 자연수(공통된 약수가 1뿐인 두 자연수) A와 B의 합으로 나타낼 수 없는 수 중에서 가장 큰 수는 A×B−(A+B)입니다.
과녁 문제에서 5와 8은 서로소이기 때문에 5×8−(5+8)=27로 답을 알아낼 수도 있습니다.

'프로베니우스의 동전' 규칙은 서로소인 두 자연수 A와 B의 합으로 나타낼 수 없는 수 중에서 가장 큰 수는
A×B−(A+B)
인 걸 알아두자.

Creative 팩토

김씨는 매일 아침 자동차를 타고 출근을 합니다. 다음 그림에서 선은 도로를 뜻하는데, 화살표가 있는 부분은 일방통행이라 그 방향으로만 가야 한다고 합니다. 김씨가 출근하는 가장 빠른 길은 모두 몇 가지 있습니까?

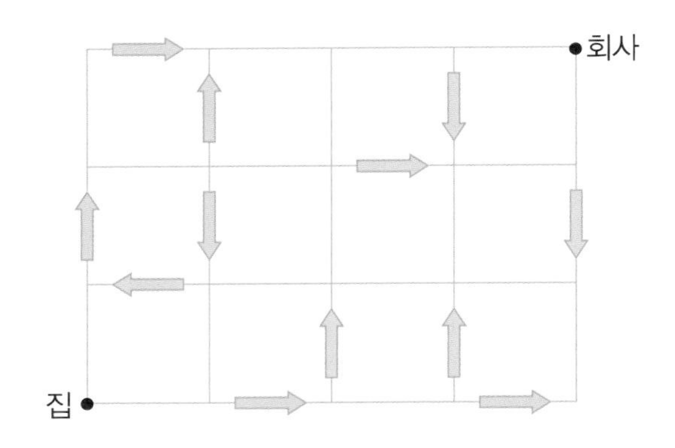

Key Point

가장 빨리 가려면 왼쪽 또는 아래쪽으로 가는 길은 지나면 안되므로 지우고 없는 것으로 생각합니다.

꿀벌의 벌집은 육각형 모양의 작은 칸들로 이루어져 있습니다. A 칸에 있는 꿀벌이 B 칸으로 이동하려고 합니다. 이웃한 다른 칸으로만 이동할 수 있다고 할 때, 가장 빨리 이동하는 방법은 모두 몇 가지입니까?

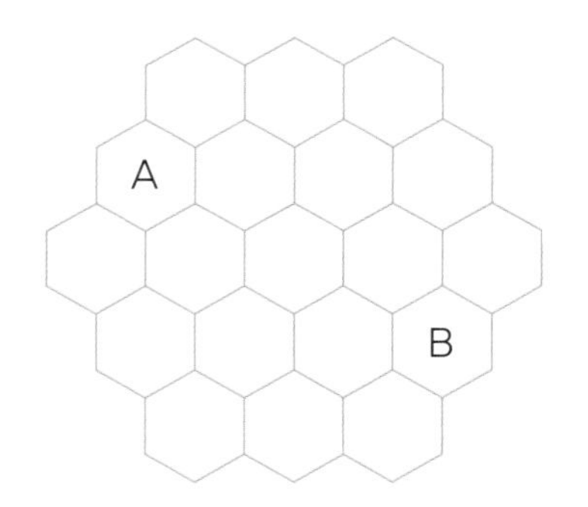

Key Point

이동할 수 있는 방향은 6가지입니다. 이 중에서 어느 방향으로 이동해야 하는지 생각합니다.

A 점에서 B 점까지 선을 따라 가는 가장 짧은 길은 모두 몇 가지인지 구하시오.

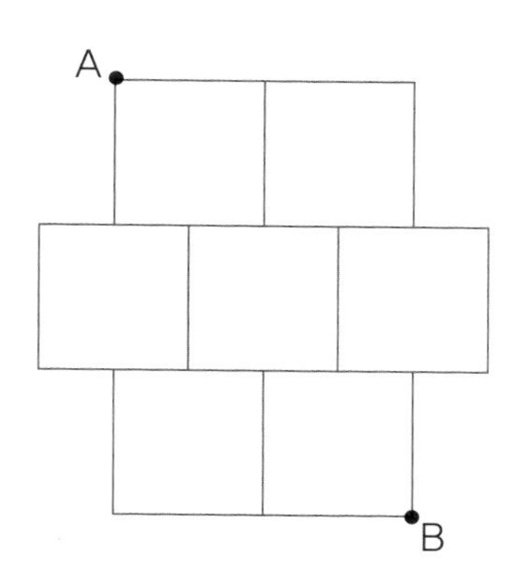

Key Point
최단거리로 가기 위해 가서는 안 되는 길을 지웁니다.

다음 |보기|와 같이 출발점에서 출발하여 모든 점을 한 번씩만 지나고 다시 출발점으로 돌아오는 서로 다른 경로를 그리시오.

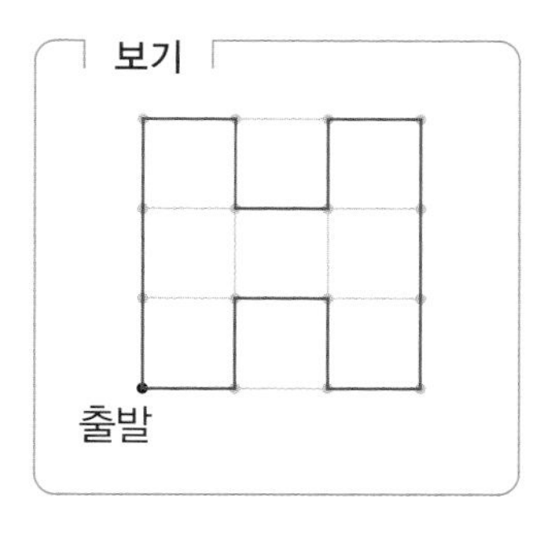

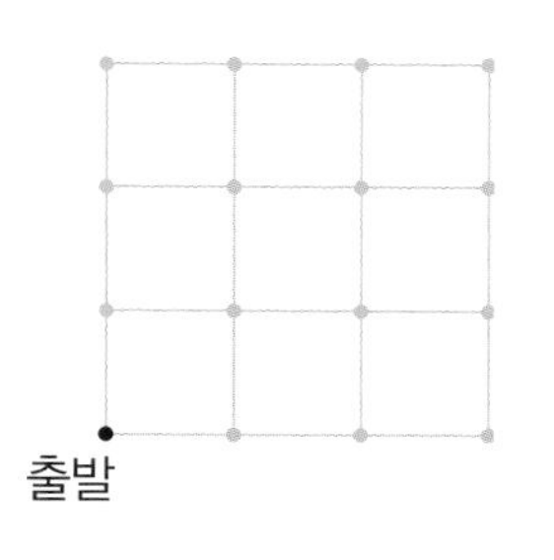

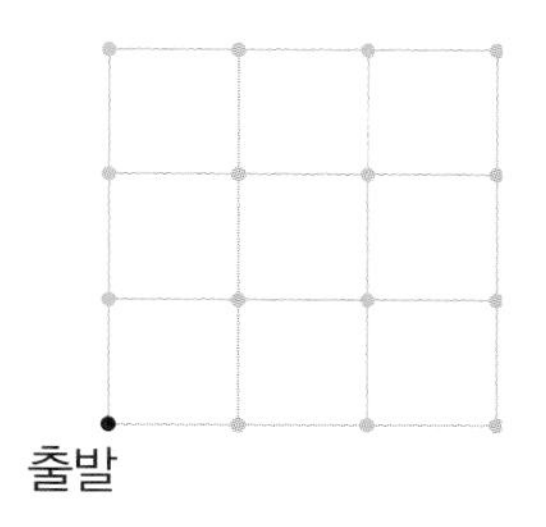

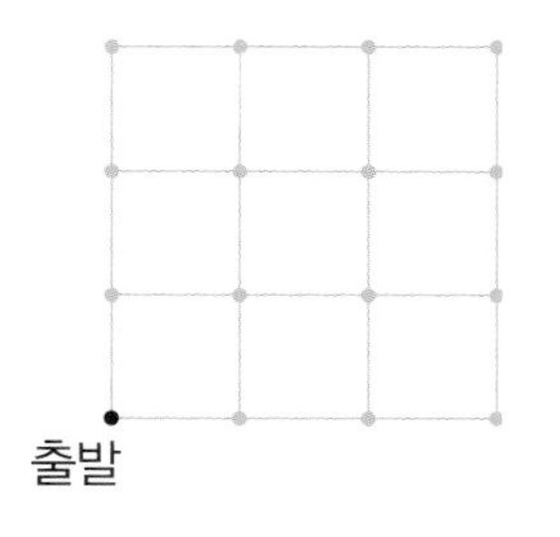

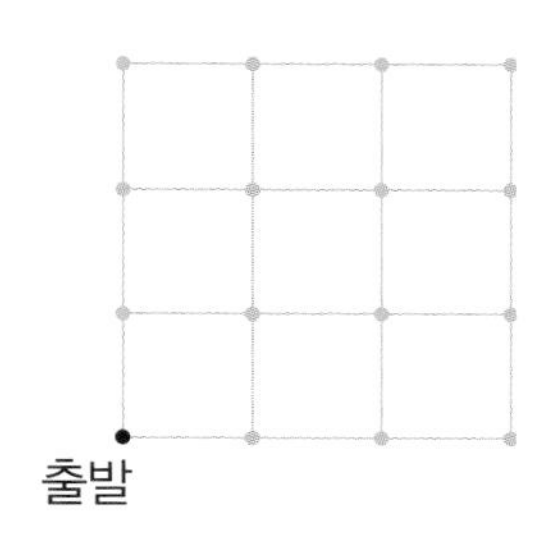

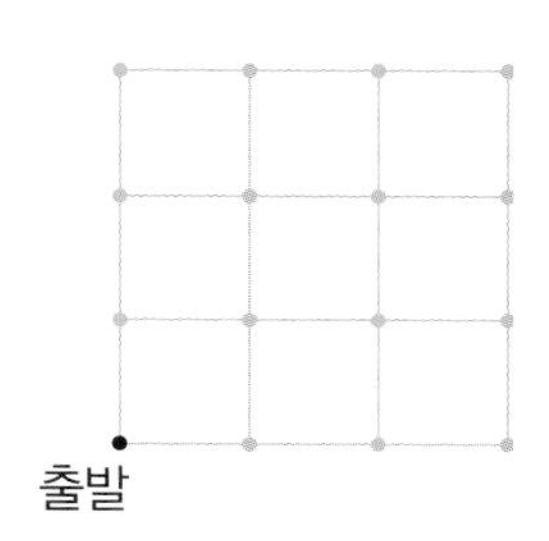

다음과 같은 과녁에 화살을 5번 쏘아서 얻을 수 있는 점수를 고르시오. (단, 과녁을 빗나가거나 경계선에 맞는 경우는 없다고 생각합니다.)

① 11점　② 16점　③ 33점　④ 40점　⑤ 51점

KeyPoint
5번 쏘아서 얻을 수 있는 점수는 최소 몇 점이고, 최대 몇 점인지 생각합니다. 또한, 과녁의 점수가 모두 홀수라는 점을 생각합니다.

주머니 안에 50원, 100원, 500원짜리 동전이 각각 3개씩 있습니다. 주머니 안에서 3개의 동전을 꺼내서 지불할 수 있는 금액은 모두 몇 가지입니까?

KeyPoint
500원짜리 동전을 몇 개 꺼내는지에 따라 경우를 나누어 생각합니다. 500원짜리 동전을 꺼내는 개수에 따라 다른 두 동전의 개수가 달라지는 점에 주의합니다.

다음은 어떤 말판 놀이의 말판인데, 이 말판 놀이에서 이동은 가로 또는 세로 방향으로만 할 수 있으며, 가로로 움직일 때는 3칸씩 움직여야 하고 세로로 움직일 때는 2칸씩 움직여야 하는 것이 규칙입니다. ㄱ 칸에 있는 말을 ㄴ 칸까지 이동시키려고 합니다. 물음에 답하시오.

(1) 말은 가로로는 3칸씩, 세로로는 2칸씩 움직입니다. ㄱ 칸에서 출발한 말이 갈 수 있는 칸을 모두 찾아 색칠하시오.

(2) (1)에서 색칠해진 칸을 점으로, 이동하는 경로를 선으로 간단하게 나타내면 다음과 같습니다.

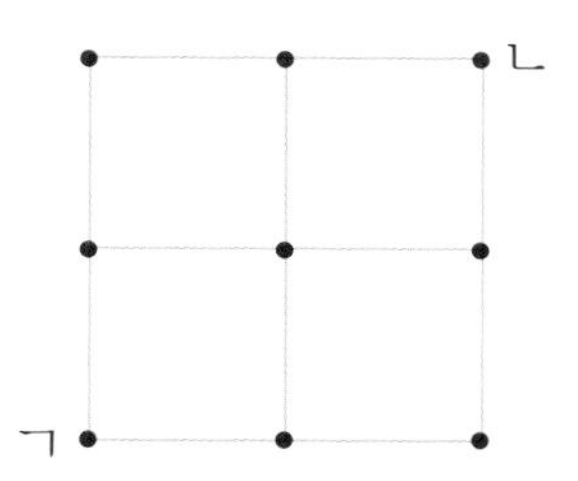

점 ㄱ에서 점 ㄴ까지 이동하는 방법은 모두 몇 가지입니까?

4. 줄 세우기

Free FACTO

선생님이 가, 나, 다, 라 네 학생을 한 줄로 세우려고 합니다. 네 명을 그림과 같이 한 줄로 세울 수 있는 서로 다른 방법은 모두 몇 가지입니까?

생각의 흐름

1 맨 앞에 가를 세우는 방법은 모두 몇 가지인지 세어 봅니다.

2 맨 앞에 나, 다, 라를 세우는 방법의 가짓수도 1과 같다는 점을 이용하여 모두 몇 가지 방법이 있는지 구합니다.

LECTURE 줄 세우기

위의 문제에서는 사람 수가 많지 않기 때문에 경우를 나누어서 세어 보는 방법으로 풀 수 있습니다. 하지만 이렇게 푸는 과정에서 규칙을 찾을 수 있는데, 먼저 맨 앞에 누가 서느냐에 따라 4가지 경우로 나눌 수 있고, 그 중 하나인 맨 앞에 **가**가 서는 경우는 다시 **가**의 뒤에 누가 서느냐에 따라 3가지 경우로 나뉩니다.
이 경우는 또 다시 2가지 경우로 나뉘고, 마지막으로 1가지 경우로 나뉘므로 결국 모든 경우는 $4\times3\times2\times1=24$(가지)임을 알 수 있습니다.
따라서 □명을 한 줄로 세우는 방법은 $\square\times(\square-1)\times(\square-2)\times\cdots\times1$(가지)이고, 이 원리를 응용하면 다른 조건의 문제에서도 경우의 수를 쉽게 구할 수 있습니다.

```
 4      3      2      1
가 ─── 나 ─── 다 ─── 라
          └── 라 ─── 다
   ├── 다 ─── 나 ─── 라
          └── 라 ─── 나
   └── 라 ─── 다 ─── 나
          └── 나 ─── 다
              ⋮
```

태형이는 오늘 병원, 도서관, 서점, 시청을 한 번씩 들러야 합니다. 태형이가 이 네 곳을 들르는 방법은 모두 몇 가지입니까?

처음에 들를 수 있는 곳은 4가지이고, 그 다음에 들를 수 있는 곳은 3가지, 그 다음은 2가지, 마지막은 1가지입니다.

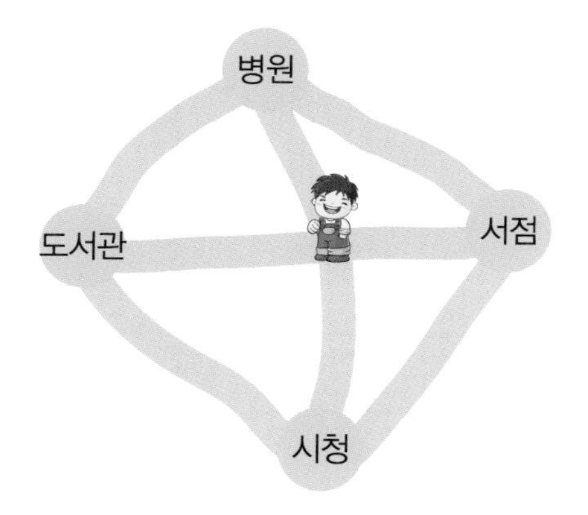

980, 123, 329와 같이 각 자리 숫자가 모두 다른 세 자리 수를 만들려고 합니다. 모두 몇 개나 만들 수 있습니까?

백의 자리부터 차례로 숫자를 정한다고 생각하면, 백의 자리가 될 수 있는 숫자는 9개이고, 십의 자리가 될 수 있는 숫자는 0부터 9까지의 숫자 중에서 백의 자리의 숫자를 제외한 9개, 일의 자리 숫자는 백, 십의 자리 숫자를 제외한 8개인 것에 주의합니다.

5. 대표 뽑기

Free FACTO

오른쪽 그림과 같이 6명의 학생이 원탁 주위에 둘러 앉아 게임을 하고 있습니다. 이 중 두 명의 학생을 뽑아 심판을 보게 하려고 합니다. A, B, C, D, E, F 중에서 2명을 뽑는 방법은 모두 몇 가지입니까?

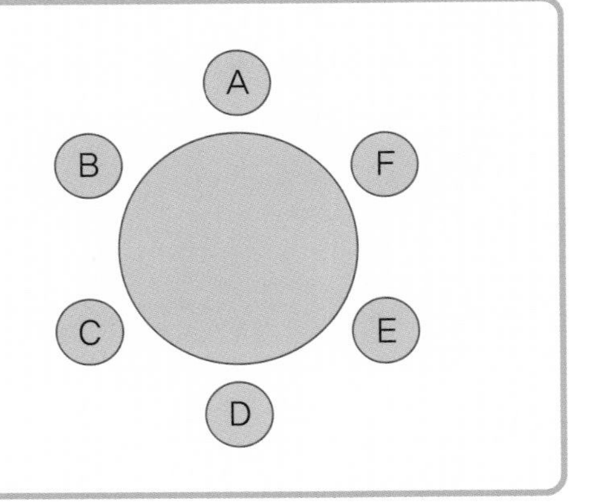

생각의 흐름

1 A와 B를 뽑는 경우를 그림과 같이 선분으로 이어서 나타낼 수 있습니다.

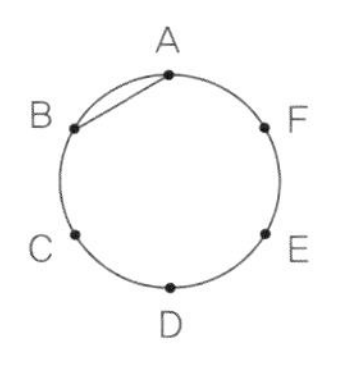

2 1과 같이 2명을 뽑은 경우를 모두 선분으로 이어서 나타내어 봅니다.

3 모두 몇 가지인지 그을 수 있는 선분의 개수를 세어 알아봅니다.

LECTURE 대표 뽑기

6명 중에서 반장 1명과 부반장 1명을 뽑는 방법의 가짓수는 6×5=30(가지)가 됩니다. 하지만 서로 구별이 되는 반장과 부반장이 아니라 서로 구별이 되지 않는 대표 2명을 뽑는다면 다른 방법으로 구해야 합니다.

방법 ① : 한 사람을 대표로 뽑는 경우를 세고, 이미 센 경우를 제외하면서 차례대로 다른 사람을 대표로 뽑는 경우를 셉니다. 이 원리를 이용하면 □명 중에서 2명의 대표를 뽑는 방법은 모두 (□－1)＋(□－2)＋…＋1(가지)가 됩니다.

방법 ② : 6×5=30(가지)과 같이 두 대표 사이에 구별이 있다고 생각하여 구한 다음, 그것을 이용하는 방법입니다. A와 B가 대표인 경우 1가지를, A가 반장이고 B가 부반장인 경우와 B가 반장이고 A가 부반장인 경우 2가지로 세었으므로 2로 나누면 30÷2=15(가지)입니다. 이 원리를 이용하면 □명 중에서 2명의 대표를 뽑는 방법은 모두 □×(□－1)÷2(가지)가 됩니다.

또한, (□－1)＋(□－2)＋…＋1={(□－1＋1)×(□－1)}÷2=□×(□－1)÷2이므로 방법 ①과 방법 ② 중 어느 방법으로 구하여도 결과는 같습니다.

6명 중에서 2명을 뽑을 때
반장 1명과 부반장 1명을 뽑는 경우는
6×5=30 (가지)
대표 2명을 뽑는 경우
(i) 6×5÷2=15 (가지)
(ii) 5＋4＋3＋2＋1
=15 (가지)

어느 가게에서 7종류의 과자를 팔고 있습니다. 이 중에서 2종류의 과자를 사는 방법은 모두 몇 가지입니까?

과자의 종류에 ①, ②, ③, ④, ⑤, ⑥, ⑦로 번호를 붙인 다음, ①을 사는 방법, ②를 사는 방법, … 을 차례대로 중복되지 않게 셉니다.

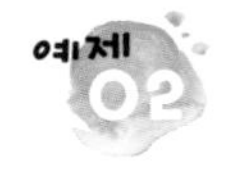

4명의 학생을 한 조에 2명씩 두 조로 나누어서, 한 조는 교실 청소를 시키고 다른 조는 복도 청소를 시키려고 합니다. 조를 나누는 방법은 모두 몇 가지입니까?

교실 청소를 하는 조에 누가 들어가는지가 결정되면 복도 청소를 하는 조에 누가 들어가는지는 바로 결정됩니다. 따라서, 4명 중에서 교실 청소를 할 2명을 뽑는 문제와 같습니다.

6. 최악의 경우

Free FACTO

잠긴 금고가 4개 있고, 각 금고를 여는 열쇠가 하나씩 있는데 어느 열쇠가 어느 금고의 열쇠인지는 모릅니다. 4개의 금고를 모두 열려면, 가장 적게는 몇 번을 열어 보아야 합니까? 또 가장 많게는 몇 번을 열어 보아야 합니까?

생각의 흐름

1 가장 적게 열어 보는 경우는 가장 운이 좋은 경우로 열쇠가 맞지 않아서 헛수고를 하는 일이 없는 경우입니다. 이 때, 몇 번을 열어 보면 모두 열 수 있는지 구합니다.

2 가장 많이 열어 보는 경우는 가장 운이 나쁜 경우로, 첫 금고를 열 때 몇 번을 열어 보아야 하는지 알아봅니다.

3 가장 운이 나쁜 경우 첫 금고를 연 다음, 둘째, 셋째, 넷째 금고를 열 때 각각 몇 번을 열어 보아야 하는지 알아봅니다. 이를 이용하여 가장 많게는 모두 몇 번을 열어 보아야 하는지 구합니다.

LECTURE 최악의 경우

아무리 수학적이고 논리적으로 행동하더라도 운이 나쁜 경우에는 어쩔 수 없이 헛수고를 하게 됩니다.
하지만 그러한 운이 나쁜 상황마저도 분석하여 헛수고를 최대 몇 번까지 해야 하는지, 운이 가장 나쁜 경우를 대비하는 방법이 무엇인지를 탐구하는 것이 수학의 놀라운 점입니다.
최악의 경우가 어떤 경우인지를 알아내는 것은 '비둘기집의 원리'와 깊은 관계가 있습니다.
너무나 당연해 보이는 '비둘기집의 원리'가 의외로 많은 문제의 해법을 제공하듯이 최악의 경우를 알아내는 능력은 공학이나 실생활에서 큰 도움이 되기도 합니다.

열쇠를 몇 번 열어 보아야 하는 문제는 '비둘기집의 원리'와 깊이 연관되어 있지.
가장 운이 나쁜 경우를 알아볼 때 이 원리를 이용하게 되지!

7개의 방이 있는데 모두 문이 잠겨 있습니다. 각 방을 열 수 있는 7개의 열쇠가 있지만 어느 열쇠가 어느 방의 것인지는 모릅니다. 가장 운이 나쁜 경우 7개의 방을 모두 열려면 문을 몇 번 열어 보아야 합니까?

가장 운이 나쁜 경우 첫째 방을 열려면 7번을 열어 보아야 합니다.

주머니 안에 빨강, 파랑, 검정 구슬이 3개씩 들어 있습니다. 주머니 안을 보지 않고 구슬을 꺼낼 때, 같은 색 구슬을 3개 꺼내려면 적어도 몇 개의 구슬을 꺼내야 합니까?

가장 운이 나쁜 경우 몇 개를 꺼냈는데도 같은 색 구슬이 3개가 안 되는지 생각합니다.

Creative 팩토

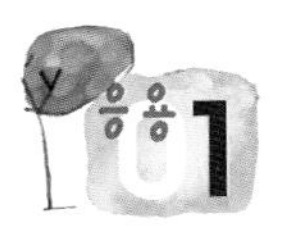

5명의 후보 중에서 회장 1명과 부회장 1명을 뽑으려고 합니다. 뽑는 방법은 모두 몇 가지입니까?

KeyPoint

회장을 먼저 뽑고 그 다음에 부회장을 뽑는다고 생각하면, 회장이 될 수 있는 사람은 5명이고, 그 다음에 부회장이 될 수 있는 사람은 4명입니다.

경민, 진수, 송희, 정혜 4명의 학생을 한 줄로 세우려고 합니다. 경민이와 진수는 남자이고 송희와 정혜는 여자일 때, 가장 앞에는 여자가 서고 가장 뒤에는 남자가 서도록 줄을 세우는 방법은 몇 가지 있습니까?

KeyPoint

가장 앞과 가장 뒤에 세울 사람을 먼저 정하고, 그 다음에 앞에서 둘째 번, 셋째 번에 설 사람을 정해 봅니다.

다음 그림의 각 칸에 빨간색, 파란색, 노란색을 칠해서 만들 수 있는 모양은 모두 몇 가지입니까? (단, 돌려서 같아지면 같은 모양으로 봅니다.)

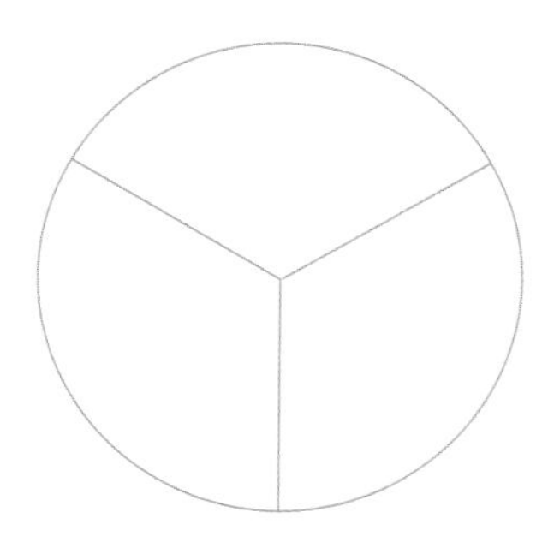

Key Point

빨간색을 먼저 아무 칸에나 칠한 다음에 빨간색을 칠한 칸부터 시계 방향으로 돌면서 색을 칠한다고 생각해 봅니다.

어느 회사의 직원 모집에 10명이 지원을 했습니다. 이 중에서 8명만 뽑으려고 합니다. 8명을 뽑는 서로 다른 방법은 모두 몇 가지입니까?

Key Point

뽑지 않을 사람을 결정하면 뽑을 사람은 바로 결정됩니다.

6개의 금고와 각 금고를 여는 6개의 열쇠가 있는데, 열쇠가 섞여 있어서 어느 금고의 열쇠인지 모르는 상황입니다. 각각의 열쇠가 어느 금고의 열쇠인지 알아내려면 가장 운이 나쁜 경우 금고를 몇 번 열어 보아야 합니까?

KeyPoint

각각의 열쇠가 어느 금고의 열쇠인지 알아내기만 하면 되므로 첫째 금고의 열쇠가 어느 것인지 알아내려면 최악의 경우라도 5번만 알아보면 됩니다.

상자 안에 빨간 구슬, 파란 구슬, 검은 구슬, 흰 구슬이 각각 5개, 10개, 15개, 20개 들어 있습니다. 네 가지 색깔이 모두 나오게 하려면 적어도 몇 개의 구슬을 꺼내야 합니까? (단, 상자 안을 보지 않고 꺼내야 합니다.)

KeyPoint

최악의 경우는 어느 색깔이 끝까지 나오지 않는 경우인지 생각합니다.

소희, 민수, 동진 세 사람이 반장 선거에 나갔습니다. 반 아이들은 모두 40명이고 현재까지 소희는 10표, 민수는 5표, 동진은 8표를 얻고 있습니다. 가장 운이 좋은 경우 소희는 몇 표를 더 얻으면 반장이 될 수 있습니까? 또, 가장 운이 나쁜 경우 소희는 몇 표를 더 얻어야 반장이 될 수 있습니까? (단, 무효표는 없습니다.)

(1) 40표 중 가장 적은 표를 얻어 반장이 될 수 있는 경우는 세 명이 각각 몇 표를 얻는 경우입니까?

(2) 가장 운이 좋은 경우 소희는 최소한 몇 표만 더 얻으면 반장이 될 수 있습니까?

(3) 가장 운이 나쁜 경우는 남은 표가 모두 동진이와 소희에게 골고루 나누어지는 경우입니다. 이 경우 소희는 적어도 몇 표를 더 얻어야 반드시 반장이 될 수 있습니까?

KeyPoint

가장 운이 좋은 경우는 다른 두 명의 경쟁자가 골고루 표를 나눠 가지는 경우이고, 가장 운이 나쁜 경우는 가장 강력한 경쟁자에게 표가 몰리는 경우입니다.

출발점에서 도착점까지 선을 따라 가는 최단경로를 2가지 그리시오. (단, 길과 길이 만나는 점에서는 반드시 방향을 바꾸어야 합니다.)

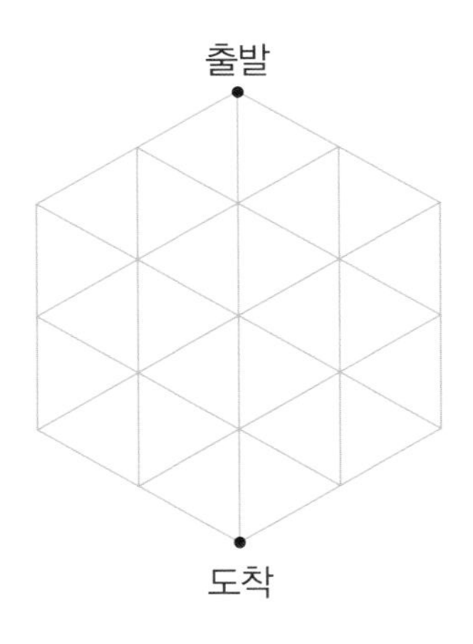

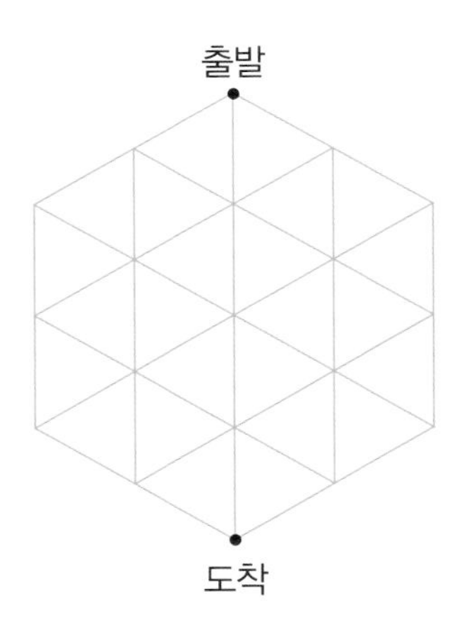

정팔각형에서 그을 수 있는 대각선은 모두 몇 개입니까?

A, B, C, D, E 다섯 명을 한 줄로 세우려고 하는데, A와 B는 남자이고 C, D, E는 여자입니다. 남자 둘이 앞뒤로 이웃하여 서도록 줄을 세우는 방법은 몇 가지입니까?

다음과 같은 과녁에 화살을 4번 맞혀서 얻을 수 있는 점수는 모두 몇 가지입니까?

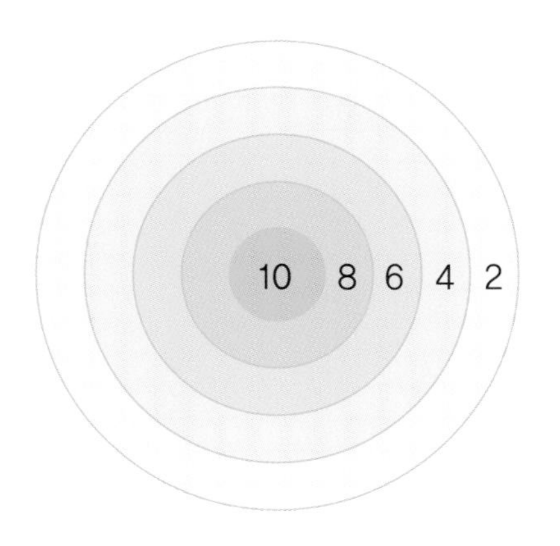

정훈이네 집에서는 일 주일 중 두 요일을 정해서 그 날 저녁은 외식을 하기로 했는데, 이틀 연속으로 외식을 하는 일은 없도록 하려고 합니다. 일 주일 중 저녁에 외식을 하는 두 요일을 정하는 방법은 모두 몇 가지입니까?

고대 로마에서는 매년 선거를 통해 2명의 집정관을 뽑았습니다. 어느 해의 집정관 후보는 7명이었고, 302명의 투표로 7명 중에서 가장 많은 표를 얻은 2명을 뽑았다고 합니다. 이 해에 한 후보가 반드시 집정관으로 당선되려면 몇 표를 얻어야 했습니까?

다음 그림의 출발점에서 도착점까지 |조건|에 맞추어 선을 따라 가는 방법을 모두 구하려고 합니다. 물음에 답하시오.

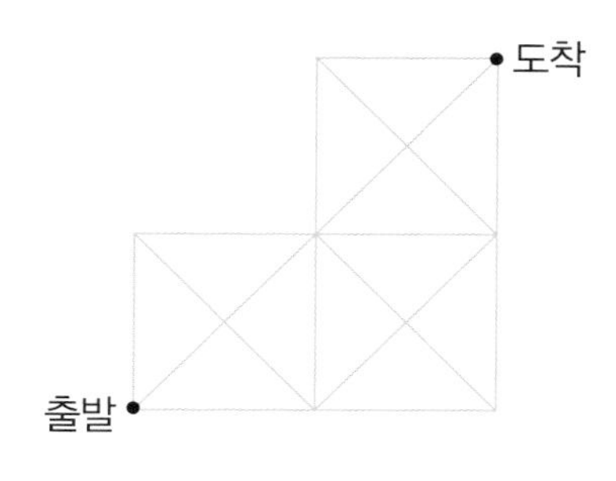

조건

① 한 번 지난 선은 다시 지날 수 없습니다.

② 선을 따라 가다가 방향을 바꿀 때에는 직각 방향으로만 방향을 바꿀 수 있습니다.

(1) 대각선을 뺀 그림에서 선분 4개를 따라 도착점까지 갈 수 있는 가장 빠른 길은 몇 가지입니까?

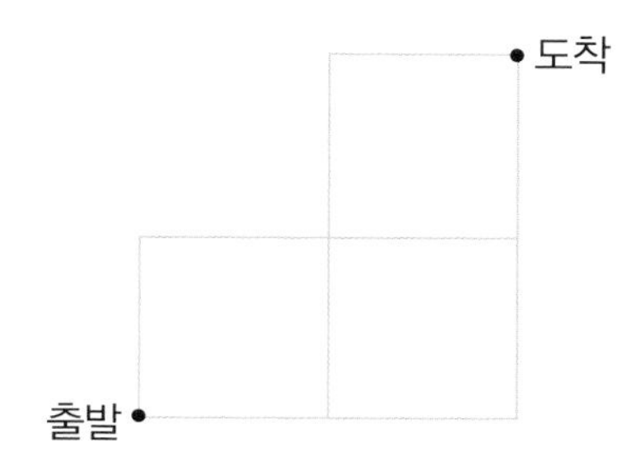

(2) 대각선을 뺀 그림에서 6개, 8개의 선분을 따라 도착점까지 갈 수 있는 방법을 찾아 모두 그리시오.

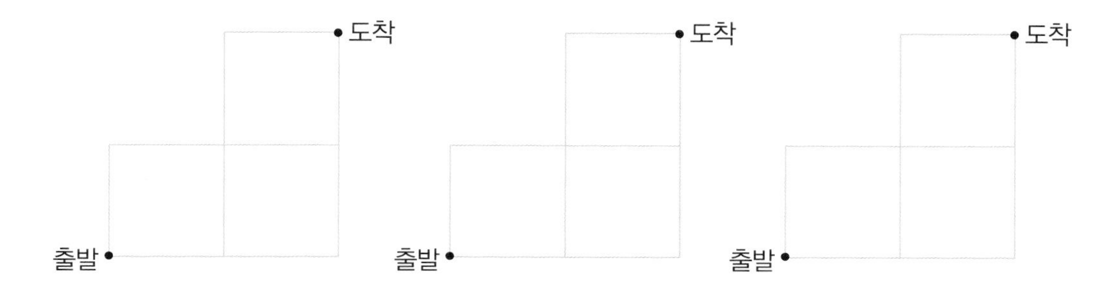

(3) 대각선을 따라 도착점까지 갈 수 있는 방법은 모두 몇 가지입니까?

(4) 출발점에서 도착점까지 가는 방법은 모두 몇 가지입니까?

Memo

문제해결력

1. 나이 계산

Free **FACTO**

올해 동환이는 11살이고, 어머니는 36살입니다. 어머니의 나이가 동환이의 나이의 2배가 되는 것은 몇 년 후입니까?

생각의 흐름

1 동환이와 어머니의 나이의 차를 구합니다.

2 어머니의 나이가 동환이의 나이의 2배가 되는 해에도 두 사람의 나이의 차는 같다는 것을 이용하여 어머니의 나이를 구합니다.

3 어머니의 나이가 **2**에서 구한 나이가 되는 때는 몇 년 후인지 구합니다.

LECTURE 나이 계산

나이는 생활 속에서 자주 쓰이는 수학적 개념으로, 수학 문제의 소재로 자주 쓰입니다.

나이에 관한 문제에서 중요한 원리 중 하나는 몇 년이 지나도 나이의 차는 변하지 않는다는 것이며, 이 원리를 이용하여 나이 문제를 해결할 수 있습니다.

나이 계산은 우리가 살아가면서 계속 해야 하는 것이기도 합니다.

외국에서는 태어났을 때를 0살로 생각하고, 생일을 맞을 때마다 나이가 1살씩 늘어납니다. 이와 달리 우리나라에서는 태어났을 때를 1살로 생각하고, 새해가 될 때마다 나이가 1살씩 늘어납니다.

따라서, 우리나라 식으로 나이를 계산하면 외국 식으로 계산한 것보다 나이가 많아지는데, 이와 같이 나이를 많게 세는 방식을 쓰게 된 것은 나이가 많을수록 대접 받는 우리나라의 문화 때문이라고 말하기도 합니다.

현재 형은 16살이고, 동생은 9살입니다. 24년 후에 형은 동생보다 몇 살 더 많습니까?

나이 차이는 몇 년이 지나도 변하지 않습니다.

현재 수연이와 언니의 나이의 합은 20살입니다. 앞으로 15년 후에 두 사람의 나이의 합은 몇 살이 됩니까?

1년이 지날 때마다 두 사람의 나이의 합은 2살씩 늘어납니다.

2. 달력 문제

Free FACTO

오늘은 5월 5일 월요일입니다. 오늘부터 50일 후는 몇 월 며칠이고, 무슨 요일입니까?

생각의 흐름

1. 5월은 31일까지 있다는 점을 생각하여 6월 5일은 며칠 후인지 구합니다.
2. 6월 5일에서 며칠이 더 지나면 오늘의 50일 후가 되는지 알아봅니다.
3. 7일마다 같은 요일이 반복되므로 오늘부터 7일 후, 14일 후, 21일 후, …는 모두 같은 요일입니다. 이를 이용하여 오늘부터 50일 후의 요일을 찾습니다.

LECTURE 달력 문제

율리우스력을 제정한 율리우스 카이사르

우리가 쓰고 있는 달력은 오랜 연구와 노력으로 만들어진 것입니다.

지구가 태양을 정확히 1바퀴 돌려면 365일 5시간 48분 46초가 걸립니다.

고대 로마에서는 1년을 355일로 생각했기 때문에 세월이 지나면 같은 날짜인데도 계절이 달라지는 등의 오차가 생겨서 자주 날짜를 수정해야 했습니다.

기원전 1세기에는 1년이 대략 365일 6시간인 것을 알아내어, 1년을 365일로 하고 4년마다 윤년(2월이 29일까지 있으므로 1년이 366일인 해)이 있도록 하는 율리우스력으로 달력을 고쳤습니다.

하지만 정확한 1년과는 11분 14초의 차이가 나기 때문에 오랜 세월이 지나면 역시 오차가 생기게 됩니다.

이것을 16세기에 바로 잡은 것이 그레고리력인데, 100으로 나누어떨어지는 해는 윤년이 아닌 것으로 하고 400으로 나누어떨어지는 해는 윤년으로 함으로써 오차를 줄였습니다. (그레고리력에도 오차는 있지만, 3333년마다 1일씩 길어지는 것에 불과합니다.)

1년은 365일로 이루어져 있지. 단, 4년마다 윤년이 있어 그 해는 366일이 있고, 이러한 윤년은 4의 배수인 해인데 100으로 나누어떨어지는 해는 윤년이 아니야.
또, 400으로 나누어떨어지면 다시 윤년인 해가 되지!

이번 달의 마지막 목요일은 30일입니다. 이번 달의 첫째 월요일은 며칠입니까?

이번 달의 첫째 목요일이 며칠인지 먼저 생각합니다.

2007년 12월 25일은 화요일입니다. 2009년 12월 25일은 무슨 요일입니까?

2008년이 윤년임을 이용하여 2008년 12월 25일이 무슨 요일인지 구합니다.

3. 최적 계획

Free FACTO

100km를 달리면 수명이 다하는 자전거 바퀴 ㉮, ㉯, ㉰ 세 개가 있습니다. 이 바퀴 3개로 150km를 달릴 수 있는 방법을 설명하시오. (단, 자전거는 바퀴가 2개가 있어야 달릴 수 있습니다.)

생각의 흐름

1 100km를 달린 후에는 바퀴가 1개뿐이므로 더 달릴 수가 없습니다.

2 ㉯ 바퀴의 수명이 반이 남았을 때, ㉰ 바퀴와 교체하여 100km까지 갑니다.

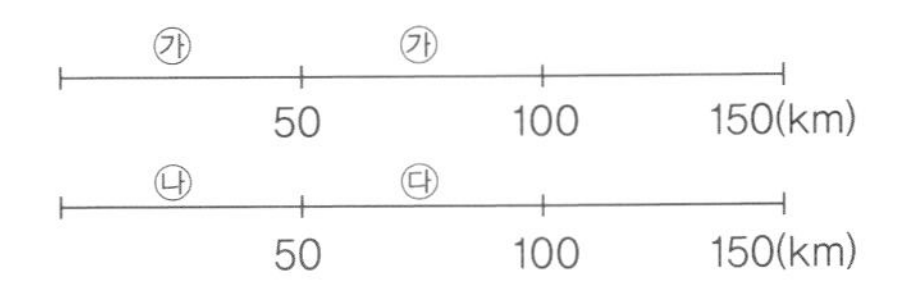

3 남은 50km를 어떻게 가야 하는지 생각합니다.

생선을 구우려고 하는데 프라이팬이 좁아서 생선 2마리를 놓을 자리밖에 없습니다. 생선의 양면을 모두 구워야 하고, 한 면을 구우려면 1분이 걸립니다. 이 프라이팬으로 5마리의 생선을 구우려면 적어도 몇 분이 필요합니까?

프라이팬에서 항상 생선 2마리를 굽고 있어야 시간 낭비가 없습니다.

LECTURE 최적 계획

대부분의 사람들은 가장 적은 시간, 노력, 비용을 들여서 목표를 이루기 원합니다.
사실 우리 인생의 대부분은 어떤 목표를 이루기 위해 쓰이고 있으므로 가장 빠르고 편하게 목표를 이루는 것에 관심을 가지는 것은 당연할 것입니다.
이 장에는 어떠한 목표를 이루는 최적의 방법을 수학적인 사고력을 통해 찾아내는 문제들이 있습니다. 이러한 문제는 다음과 같은 순서에 따라 해결합니다.

① 목표가 무엇인지 분명히 인식
② 상황과 조건을 정확하게 파악
③ 사고력과 상상력을 통해 해법 탐구

수학 문제뿐만 아니라 현실에서 우리가 해결해야 하는 많은 문제들을 이러한 태도로 대한다면 더 좋은 결과가 있을 것입니다.
우리가 문제를 풀면서 배워야 할 것은 문제의 내용보다는 문제를 해결하는 능력이라는 점을 잊지 맙시다.

최적의 방법을 구하는 문제는
① 목표 인식
② 상황과 조건 파악
③ 사고력과 상상력을 통해 해법 탐구
의 순서를 따라 해결해 보자!

어느 해 6월의 수요일의 날짜를 모두 더하면 66이 됩니다. 이 해 6월 1일은 무슨 요일입니까?

KeyPoint
첫째 수요일이 1, 2, 3, 4, 5, 6, 7일 경우로 나누어 생각해 봅니다.

올해 정훈이는 14살이고, 형은 18살입니다. 형의 나이가 정훈이의 3배였던 때는 몇 년 전입니까?

KeyPoint
두 사람의 나이 차이는 과거에도 지금과 동일합니다.

어떤 가족의 나이는 다음과 같습니다.

가족	아버지	어머니	첫째 딸	둘째 딸	셋째 딸
나이	36살	34살	12살	10살	8살

아버지와 어머니의 나이의 합이 세 딸의 나이의 합과 같아지는 것은 몇 년 후입니까?

Key Point
1년이 지날 때마다 아버지와 어머니의 나이의 합은 2살씩, 세 딸의 나이의 합은 3살씩 늘어납니다.

올해의 수능 시험일은 11월 28일입니다. 고등학교 3학년인 지웅이는 수능 100일 전부터 이제까지 공부한 것을 총정리하기로 했습니다. 지웅이가 총정리를 시작하는 날짜는 몇 월 며칠입니까?

Key Point
10월 28일, 9월 28일, 8월 28일이 11월 28일의 며칠 전인지 차례로 알아봅니다.

다음 그림과 같이 A, B, C, D, E 다섯 마을이 있습니다.(선은 길을 뜻합니다.) 이 마을에 학교를 큰 길가인 ①, ②, ③, ④ 중 한 곳에 지으려고 합니다. 각 마을의 아이들의 수가 모두 같다면, 학교를 어디에 짓는 것이 아이들이 걷는 거리가 가장 짧은지 알아봅시다. (단, ①, ②, ③, ④ 사이의 거리는 모두 같습니다.)

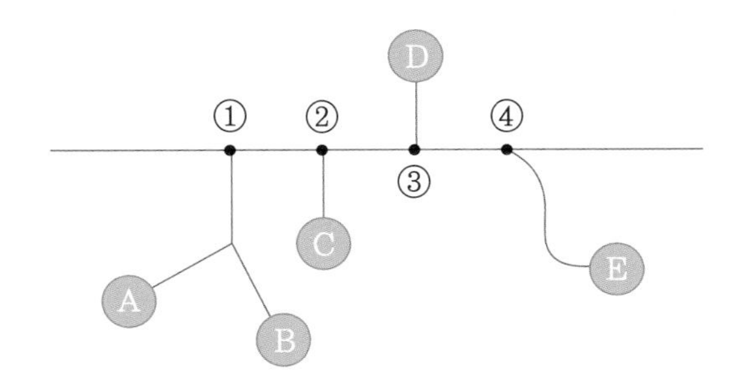

(1) ①과 ②, ②와 ③, ③과 ④ 사이의 거리를 각각 1이라 할 때, E 마을에 있는 학생이 ③의 위치까지 걷는 거리와 ④의 위치까지 걷는 거리의 차는 얼마입니까?

(2) 거리를 비교하는데 각 마을에서 큰 길까지의 거리는 고려할 필요가 없습니다. 그 이유를 설명하시오.

(3) 학교의 위치가 각각 ①, ②, ③, ④일 때, 각 마을에서 학교까지의 거리를 구하여 빈 칸을 완성하시오. 학교는 어디에 짓는 것이 가장 좋습니까?

마을 / 학교 위치	A B C D E	총 거리
①	0 + 0 + 1 + 2 + 3	
②		
③		
④		

KeyPoint

학교의 위치를 ①에서 시작하여 오른쪽으로 옮기면서 각 마을과의 거리가 어떻게 바뀌는지 살펴봅니다.

어느 추운 겨울날 학생들이 다섯 개의 텐트 안에서 야영을 하고 있습니다. 모든 텐트 안에 같은 수의 학생이 들어가도록 학생들을 이동시키려고 합니다. 한 텐트 안의 학생은 이웃한 텐트(그 텐트와 선으로 이어진 텐트)로만 이동시킬 수 있고, 1명의 학생을 이웃한 텐트로 이동시키는 것을 1번 이동시킨다고 한다면, 최소 몇 번 이동시켜야 합니까?

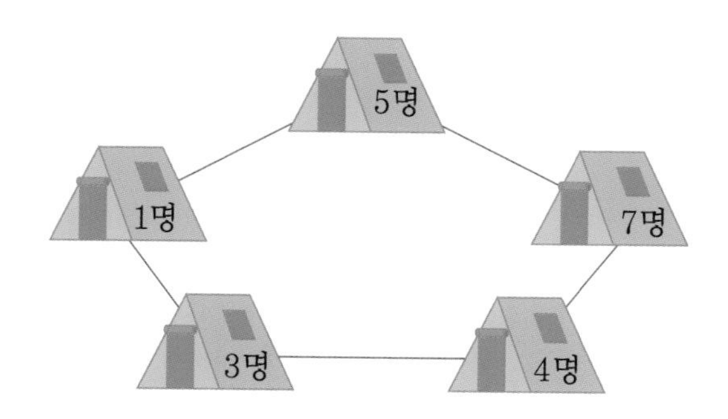

KeyPoint

먼저 한 텐트 안에 몇 명이 들어가야 하는지 계산하면, 학생을 더 넣어야 하는 텐트와 학생을 다른 곳으로 보내야 하는 텐트를 알 수 있습니다.

4. 잴 수 있는 길이와 무게

Free FACTO

길이가 각각 2cm, 3cm, 5cm인 세 개의 눈금 없는 자가 있습니다. 이 세 개의 자를 이용하여 잴 수 있는 길이는 모두 몇 가지입니까?

생각의 흐름

1 자 하나를 이용하여 잴 수 있는 길이는 2cm, 3cm, 5cm입니다.

2 2cm인 자와 5cm인 자를 옆으로 붙이면 7cm를 잴 수 있습니다. 이와 같이 길이의 합으로 잴 수 있는 길이를 모두 찾습니다.

3 2cm인 자를 3cm인 자의 아래에 붙이면 1cm를 잴 수 있습니다. 이와 같이 길이의 차로 잴 수 있는 길이를 모두 찾습니다.

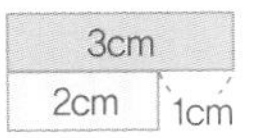

4 3cm인 자와 5cm인 자를 옆으로 붙인 다음, 2cm인 자를 아래에 붙이면 6cm를 잴 수 있습니다. 이와 같이 길이의 합과 차로 잴 수 있는 길이를 모두 찾습니다.

LECTURE 잴 수 있는 길이와 무게

자에 눈금이 없으면 무슨 소용이 있냐고 생각할 수 있지만 길이를 알고 있는 눈금 없는 자 여러 개를 이용하면 의외로 많은 길이를 잴 수 있습니다. 이는 여러 수들을 조합하여 합과 차를 구하면 많은 경우의 수가 나오기 때문입니다. 이 원리를 이용하여 눈금이 몇 개밖에 없지만 많은 길이를 잴 수 있는 자를 만들 수도 있습니다.

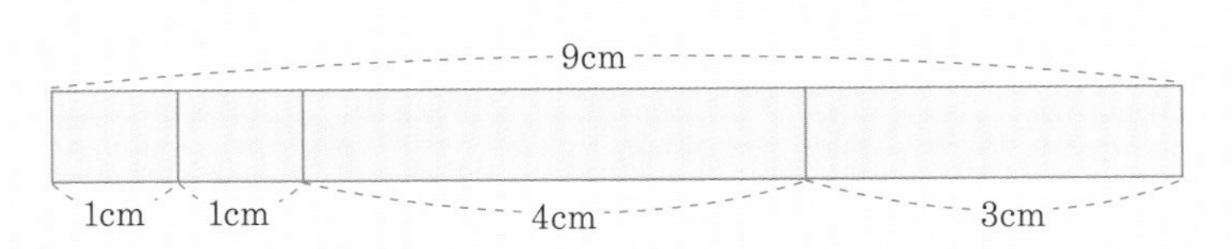

이 자는 눈금이 3개뿐이지만, 1cm부터 9cm까지 9가지 길이를 모두 잴 수 있습니다.

무게를 잴 때에도 여러 수들의 합을 이용하면 7개의 추(1g, 2g, 4g, 8g, 16g, 32g, 64g)로 100가지가 넘는 무게를 잴 수 있습니다. 또한, 여러 수들의 합과 차를 이용하면 5개의 추(1g, 3g, 9g, 27g, 81g)만으로도 100가지가 넘는 무게를 잴 수 있다는 것은 놀라운 일입니다. 어떻게 그것이 가능한지는 스스로 생각해 봅시다.

여러 수들의 조합으로 합과 차를 구하는 원리를 이용하면 눈금 없는 자나 몇 개의 추만으로도 의외로 많은 길이와 무게를 잴 수 있지!

길이가 5cm이고 눈금이 다음과 같이 두 개만 있는 자가 있습니다. 이 자로 잴 수 있는 길이는 모두 몇 가지입니까?

1cm, 2cm, 2cm로 잴 수 있는 길이를 알아봅니다.

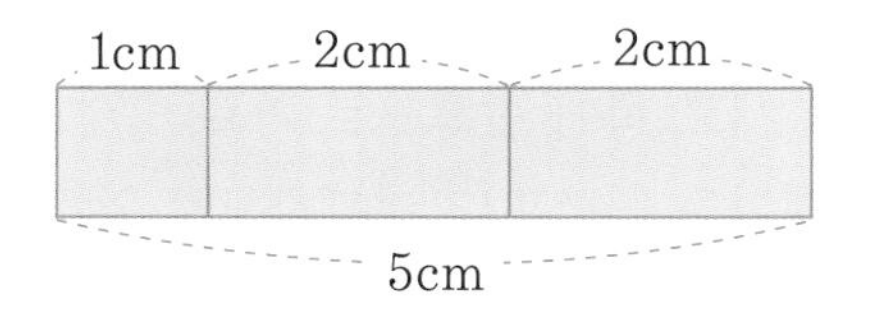

양팔저울의 오른쪽에 물건을 올려놓고 왼쪽에 추를 올려서 물건의 무게를 재려고 합니다. 2g, 5g, 7g짜리 추가 하나씩 있을 때, 잴 수 있는 무게는 모두 몇 가지입니까?

저울에 올려놓는 추의 개수에 따라 경우를 나누어 생각합니다.

5. 수열의 활용

Free FACTO

선생님께서 아이들에게 교실 뒤의 게시판에 사진을 붙이라고 하시며 다음과 같은 것을 당부하셨습니다.

① 게시판의 세로 폭이 좁으므로 가로 방향으로만 붙일 것
② 풀이나 테이프를 쓰면 지저분하므로 압정을 사용하여 붙일 것
③ 사진이 안 떨어지도록 튼튼하게 붙여야 하므로 모든 사진의 네 귀퉁이에 압정이 꽂혀 있도록 할 것
④ 압정은 최대한 적게 쓸 것

다음은 선생님의 지시대로 사진을 붙인 경우입니다. 사진이 20장일 때 필요한 압정은 모두 몇 개입니까?

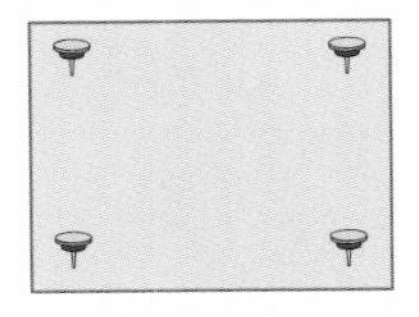
사진이 1장일 때

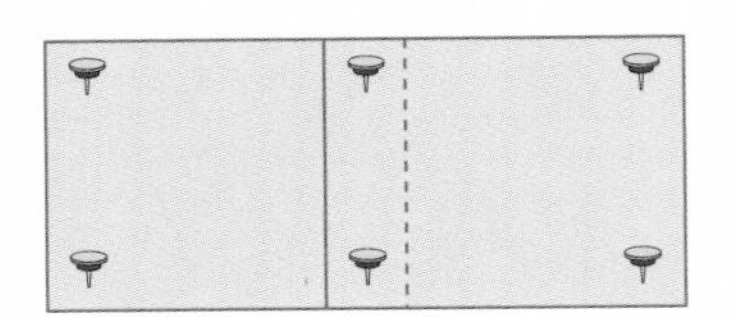
사진이 2장일 때

생각의 흐름

1 사진이 1장일 때 압정은 4개 필요합니다.

2 사진을 한 장씩 더 붙이는 데 필요한 압정의 개수를 구하여 식을 만듭니다.

1장 : 4
2장 : 4+□
3장 : 4+□+□
4장 : 4+□+□+□
⋮

3 4장일 때 필요한 압정의 개수를 4+□×3으로 나타낼 수 있습니다.
20장일 때 필요한 압정의 개수를 식으로 나타낸 후 그 개수를 구합니다.

A, B 두 주차장의 주차 요금은 다음과 같습니다.

A 주차장 : 처음 주차할 때 2만 원을 내고,
몇 시간을 주차하든지 추가 요금은 없습니다.
B 주차장 : 처음 주차할 때 3천 원을 내고,
10분이 지날 때마다 추가 요금이 500원씩 붙습니다.

A 주차장보다 B 주차장에 주차하는 쪽이 좋은 경우는 주차 시간이 몇 분보다 적은 경우입니까?

몇 분이 지났을 때 두 주차장의 주차 요금이 같아지는지 생각합니다.

LECTURE 등차수열과 등비수열

일정한 수를 계속 더하거나 빼는 수열은 이웃한 수들의 차가 같기 때문에 '차가 같다(등)'는 뜻에서 등차수열이라 부르고, 더하거나 빼는 일정한 수를 등차라고 합니다.
이와 달리 일정한 수를 계속 곱하거나 나누는 수열은 이웃한 수들의 비가 같기 때문에 등비수열이라 부르고, 곱하거나 나누는 일정한 수를 등비라고 합니다.
등비수열에서 □째 번 수는 처음 수에 등비를 (□−1)번 곱한 수이므로 □가 커짐에 따라 상상을 초월할 정도로 커지기도 합니다.
예를 들어, 종이를 반으로 접을 때마다 두께가 2배가 되기 때문에 50번을 접는다면 그 두께는 지구에서 달까지의 거리보다 커져서 종이가 달에 닿을 정도입니다.

등차수열은 일정한 수를 더하거나 빼는 수열이고, 등비수열은 일정한 수를 계속 곱하거나 나누는 수열이지!

6. 하노이 탑

Free FACTO

다음과 같은 세 기둥이 있고, 크기가 서로 다른 5개의 원판이 가운데 기둥에 끼워져 있습니다. **규칙** 에 따라 이 5개의 원판을 모두 오른쪽 기둥으로 옮기려면 원판을 적어도 몇 번 옮겨야 합니까?

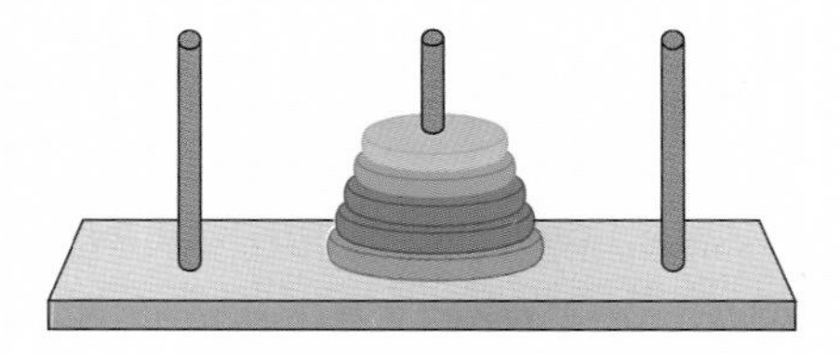

규칙

- 한 번에 하나의 원판만 옮길 수 있습니다.
- 큰 원판이 작은 원판의 위에 있을 수 없습니다.

생각의 흐름

1 원판이 2개일 경우, 3번 만에 옮길 수 있습니다.

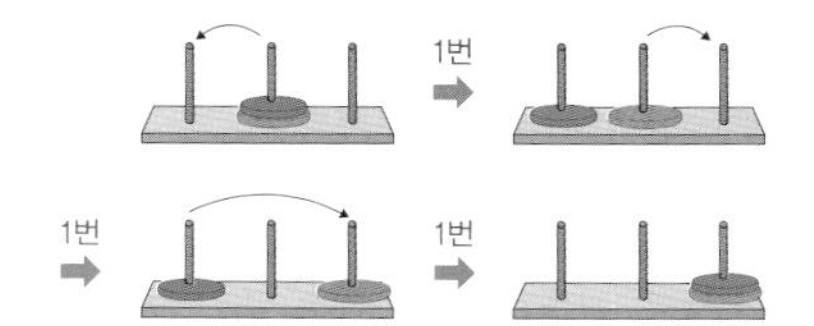

2 원판이 3개일 경우, 먼저 2개를 왼쪽 기둥에 옮긴 다음, 남은 1개를 오른쪽 기둥에 옮기고, 왼쪽 기둥의 2개를 오른쪽 기둥으로 옮기면 됩니다.
원판 3개를 옮기는 데 필요한 횟수를 구합니다.

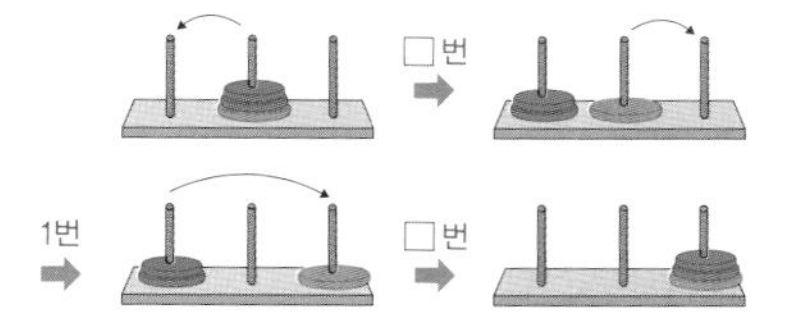

3 원판이 4개일 경우, 먼저 3개를 왼쪽 기둥에 옮긴 다음, 남은 1개를 오른쪽 기둥에 옮기고, 왼쪽 기둥의 3개를 오른쪽 기둥으로 옮기면 됩니다.
2에서 구한 횟수를 이용하여 원판 4개를 옮기는 데 필요한 횟수를 구합니다.

4 **2**와 **3**의 방법을 이용하여 원판이 5개일 경우의 필요한 횟수를 구합니다.

두께가 1mm인 종이가 한 장 있습니다. 이 종이를 계속 절반으로 접는다고 할 때, 접힌 종이의 두께가 1km를 넘으려면 적어도 몇 번을 접어야 합니까?

종이의 두께는 한 번 접을 때마다 2배가 됩니다.

LECTURE 하노이 탑

하노이 탑을 발명한 수학자 루카스

하노이 탑은 1883년 프랑스의 수학자 루카스에 의해 발명된 퍼즐로서, 루카스는 이 퍼즐의 유래에 대해 다음과 같은 전설을 소개했습니다.

> 베트남의 하노이 지방에는 한 사원이 있습니다.
> 이 사원에는 세 개의 기둥이 있는 판이 있고, 그 중 한 기둥에 64개의 금으로 된 원판이 끼워져 있습니다. 이 64개의 원판을 모두 다른 기둥으로 옮기면 세계는 멸망한다고 합니다.

하노이 탑의 규칙대로 64개의 원판을 모두 옮기려면 약 5845억 년이 걸려!

이 전설은 루카스가 창작한 것일 가능성이 높습니다. 덧붙이면 하노이 탑의 규칙대로 64개의 원판을 모두 옮기려면 무려 18446744조 번이나 옮겨야 하며, 한 번 옮기는데 1초가 걸린다고 해도 약 5845억 년이 걸립니다.
따라서 전설이 사실이라고 해도 세계의 멸망을 걱정할 필요는 없을 것 같습니다.

Creative 팩토

양팔저울 1개와 추가 다음과 같이 여러 개 있습니다. 12g, 40g, 77g을 재는 방법을 각각 설명하시오.

(1) 1g, 2g, 4g, 8g, 16g, 32g, 64g짜리 추가 하나씩 있고, 추와 물건은 서로 다른 접시에 올려놓아야 합니다.

(2) 1g, 3g, 9g, 27g, 81g짜리 추가 하나씩 있고, 추와 물건을 같은 접시에 올려놓아도 됩니다.

Key Point
(1) 수들의 합을 이용합니다.
(2) 수들의 합과 차를 이용합니다.

5L의 물을 부으면 가득 차는 큰 물통과 3L의 물을 부으면 가득 차는 작은 물통이 있습니다. 이 두 개의 물통을 이용하여 정확히 1L, 2L, 4L의 물을 얻는 방법을 각각 설명하시오. (단, 물은 얼마든지 담거나 버릴 수 있습니다.)

Key Point
5와 3의 합과 차를 이용하여 1, 2, 4를 만든다고 생각해 봅니다.
$5-3=2$
$3+3-5=1$
$5-3+5-3=4$

모래시계를 뒤집으면 안에 들어 있는 모래가 떨어지기 시작하여 일정 시간이 지나면 모두 떨어지게 됩니다. 모래가 다 떨어지는 데 5분이 걸리는 시계를 5분짜리 모래시계, 8분이 걸리는 시계를 8분짜리 모래시계라고 할 때, 다음 물음에 답하시오.

(1) 5분짜리 모래시계와 8분짜리 모래시계를 사용하여 정확히 3분을 재는 방법을 설명하시오.

(2) 5분짜리 모래시계와 8분짜리 모래시계를 사용하여 정확히 2분을 재는 방법을 설명하시오.

벌레 한 마리가 높이 60cm인 대나무를 올라가기 시작했습니다. 이 벌레는 낮 동안 6cm를 기어 올라가지만, 밤에 자는 동안 4cm를 미끄러져 내려온다고 합니다. 이 벌레가 대나무의 꼭대기에 도착하려면 며칠 걸립니까?

KeyPoint

마지막 날 낮에 꼭대기에 도착하기 때문에 마지막 날의 밤은 생각할 필요가 없습니다.

어느 도시의 택시 요금은 다음과 같습니다.

- 택시를 타고 2km를 갈 때까지는 기본 요금으로 1900원입니다.
- 2km에서 시작하여 120m 간격으로 요금이 100원씩 추가됩니다.

이 도시에서 택시를 타고 6km를 간 다음에 내린다면, 택시 요금은 얼마입니까?

KeyPoint

2km까지 택시 요금은 1900원이고, 2km에서 2km 120m까지는 2000원, 2km 120m에서 2km 240m까지는 2100원,…입니다.

피노키오의 코는 거짓말을 한 번 할 때마다 2배로 길어집니다. 피노키오가 거짓말을 8번 하였더니 코의 길이가 8m가 되었다고 합니다. 그렇다면 거짓말을 6번 했을 때의 코의 길이는 몇 m입니까?

Key Point

6m라고 생각하는 실수를 하지 않도록 합니다.

어떤 사람이 최근 5년 동안 번 돈은 그 이전까지 번 돈과 같다고 합니다. 예를 들어, 이 사람이 21살에서 25살까지 2000만 원을 벌었다면, 이 사람은 태어나서 20살까지 2000만 원을 번 것입니다. 이 사람이 태어나서 60살까지 4억 원을 벌었다면, 이 사람은 41살에서 50살까지 얼마를 벌었습니까?

Key Point

56살에서 60살까지 번 돈, 51살에서 55살까지 번 돈, … 과 같이 뒤에서부터 거꾸로 번 돈을 구합니다.

다음과 같이 성냥개비로 정사각형의 개수를 하나씩 늘리고 있습니다. 이러한 방법으로 정사각형 10개를 만들려면 성냥개비는 모두 몇 개 필요합니까?

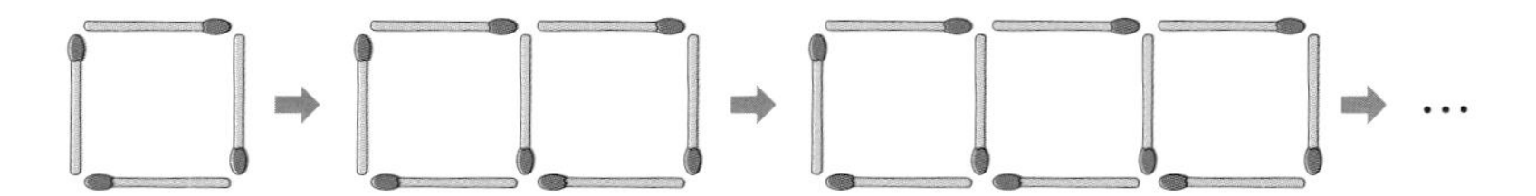

다음 대화를 보고 지금이 몇 월인지 구하시오.

세영 : 오늘은 13일의 금요일이야. 불길한 날이니 몸조심을 해야겠어.
미현 : 그런데 지난 달도 13일이 금요일이었지? 하지만 지난 달 13일의 금요일에는 별일 없었어.
세현 : 그러고 보니 그랬지. 역시 미신인가?

2001년 1월 1일은 월요일이었습니다.
2002년 1월 1일, 2003년 1월 1일, 2004년 1월 1일, 2005년 1월 1일은 각각 무슨 요일이었는지 구하시오.(단, 2004년은 윤년이어서 2월이 29일까지 있었습니다.)

예쁜 목각 인형을 만들어 파는 형제가 있습니다. 형은 나무를 깎아서 인형을 만들고, 동생은 형이 깎은 인형에 색칠을 해서 인형을 완성합니다.
어느 날 한 손님이 코끼리 인형, 곰 인형, 호랑이 인형을 하나씩 만들어 달라고 했습니다. 코끼리 인형은 형이 만드는 데 9분이 걸리고, 동생이 색칠하는 데 7분이 걸립니다. 곰 인형은 형이 만드는 데 4분이 걸리고, 동생이 색칠하는 데 8분이 걸립니다. 그리고 호랑이 인형은 형이 만드는 데 6분이 걸리고, 동생이 색칠하는 데 5분이 걸립니다. 그렇다면 형제는 손님에게 적어도 몇 분을 기다려 달라고 말해야 합니까?

다음과 같은 자에 눈금을 2개만 그려서 1cm, 2cm, 3cm, 4cm, 5cm, 6cm를 모두 잴 수 있는 자로 만들어 보시오.

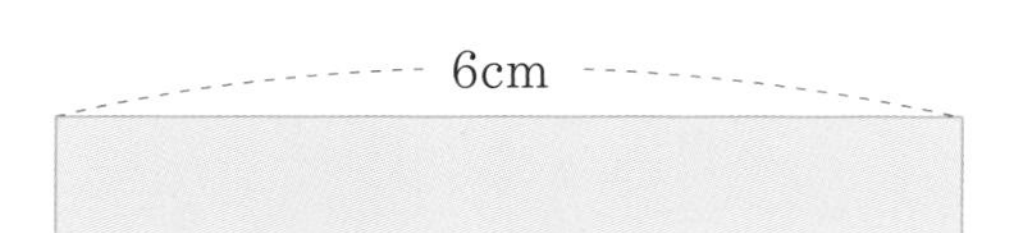

갑은 각 층이 정사각형 모양이 되게 공을 쌓았고, 을은 각 층이 정삼각형 모양이 되게 공을 쌓았습니다. 다음은 갑과 을이 쌓은 모양을 위에서 본 것입니다. 더 많은 공을 쌓은 사람은 누구입니까?

갑이 쌓은 모양

을이 쌓은 모양

24쪽까지 있는 신문은 다음과 같이 6장의 종이를 포개어서 접은 다음, 가장 앞쪽에서부터 쪽 번호를 매기는 방법으로 만들어집니다.

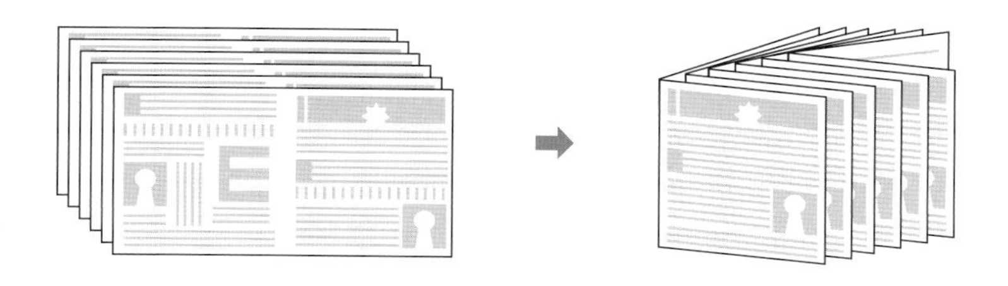

이러한 방법으로 10장의 종이를 사용하여 40쪽까지 있는 신문을 만들었습니다. 이 신문에서 15라는 쪽 번호가 적힌 종이를 빼냈을 때, 이 종이에 적힌 다른 세 개의 쪽 번호는 무엇입니까?

하루가 지나면 2배로 불어나는 세균이 있습니다. 이 세균 한 마리를 유리병 속에 넣었더니 정확히 20일 만에 유리병이 세균으로 꽉 찼습니다. 만약 이 세균을 유리병에 두 마리 넣는다면, 정확히 며칠 만에 유리병이 세균으로 꽉 차게 됩니까?

Memo

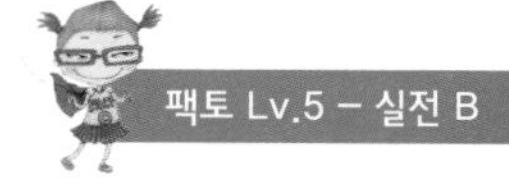

총괄평가

정답 및 풀이

매스티안

1 합이 9인 세 수는 (0, 4, 5), (1, 3, 5)입니다.
각각의 경우에 만들 수 있는 수는 다음과 같습니다.
(0, 4, 5) → 405, 450, 504, 540
(1, 3, 5) → 135, 153, 315, 351, 513, 531

답 135, 153, 315, 351, 405, 450, 504, 513, 531, 540

2 15의 배수는 3의 배수이면서 5의 배수입니다. 5의 배수는 일의 자리 숫자가 0 또는 5이므로 세 자리 수는 □30 또는 □35입니다. 또, 3의 배수는 각 자리 숫자의 합이 3의 배수이므로 조건을 만족하는 수는 다음과 같습니다.
□30 → 330, 630, 930
□35 → 135, 435, 735

답 135, 330, 435, 630, 735, 930

3 6은 오른쪽 아래에 있습니다.

		6

➡ 2는 9와 6 사이에 있고, 9의 왼쪽에는 5가 있습니다.

	5	9
		2
		6

7은 4와 5 사이에 있습니다.

	5	9
	7	2
	4	6

➡ 1은 4의 왼쪽, 8의 바로 아래에 있습니다.

3	5	9
8	7	2
1	4	6

답 풀이 참조

4 ㉢에서 B와 C의 키가 될 수 있는 것은 137 cm와 147 cm이고, ㉡에 의해 B는 가장 크지 않으므로 B는 137 cm, C는 147 cm입니다.
㉣에서 D는 144 cm이고, ㉡과 ㉤에서 A는 140 cm, E는 135 cm라는 것을 알 수 있습니다.

답 140, 137, 147, 144, 135

5 분홍색 주사위의 밑면의 수는 1이고, 파란색과 연두색 주사위의 윗면과 밑면의 눈의 수의 합은 각각 7입니다. 또, 아래에 있는 보라색 주사위의 오른쪽 면은 2, 주황색 주사위의 왼쪽 면은 4, 윗면은 1입니다.
따라서 겉면에 보이는 주사위의 눈의 합은
$(21\times5)-(1+7+7+2+4+1)=105-22=83$입니다.

답 83

6 전개도에 꼭짓점의 위치를 표시한 후, 선분이 그려진 면과 점을 찾아 실이 지나간 자리를 찾습니다.

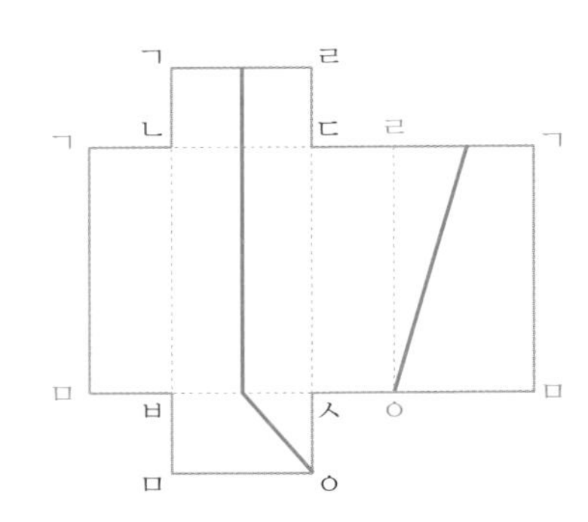

답 풀이 참조

7 1부터 차례대로 한 줄에 3개씩 수를 쓴 다음, 3과 8의 합으로 나타낼 수 있는 수에 ○표 하여 답을 구합니다.

1	2	③
4	5	⑥
7	⑧	⑨
10	⑪	⑫
13	⑭	⑮
⑯	⑰	⑱
⋮	⋮	⋮

만들 수 없는 수는 1, 2, 4, 5, 7, 10, 13입니다.

답 ①, ③, ④

8 얻을 수 있는 최하 점수는 $1+1+1=3$(점), 최고 점수는 $7+7+7=21$(점)입니다. 또, 과녁판에 적힌 수는 모두 홀수이므로 점수는 홀수만 나올 수 있습니다.
(홀수+홀수+홀수=홀수)
따라서 얻을 수 있는 점수는 3점부터 21점까지의 홀수인 10가지입니다.

답 10

9 두 사람의 나이 차는 $56-8=48$(살)이고, 나이 차는 변하지 않습니다.
할아버지의 연세가 수민이 나이의 4배가 되는 해의 수민이의 나이를 □라고 하면, $4\times□-□=48$ → $□=16$
따라서 구하는 답은 올해 8살인 수민이가 16살이 되는 해이므로 올해부터 $16-8=8$(년 후)입니다.

답 8

10 [1]부터 차례로 성냥개비를 세어 보면,
[1]은 4개, [2]는 $4+6=10$(개), [3]은 $4+6+8=18$(개)입니다.
따라서 [4]는 $4+6+8+10=28$(개)이고,
[7]은 $4+6+8+10+12+14+16=70$(개)입니다.

답 28, 70

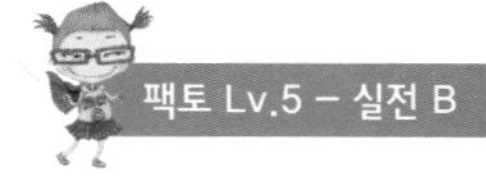

팩토 Lv.5 – 실전 B

총괄평가

매스티안

9 올해 수민이는 8살이고, 할아버지는 56살입니다. 할아버지의 연세가 수민이 나이의 4배가 되는 해는 올해부터 몇 년 후인지 구하시오.

답 ________ 년 후

10 다음과 같이 성냥개비로 모양을 만들 때, [4]와 [7]의 모양을 만드는 데 필요한 성냥개비의 수를 각각 구하시오.

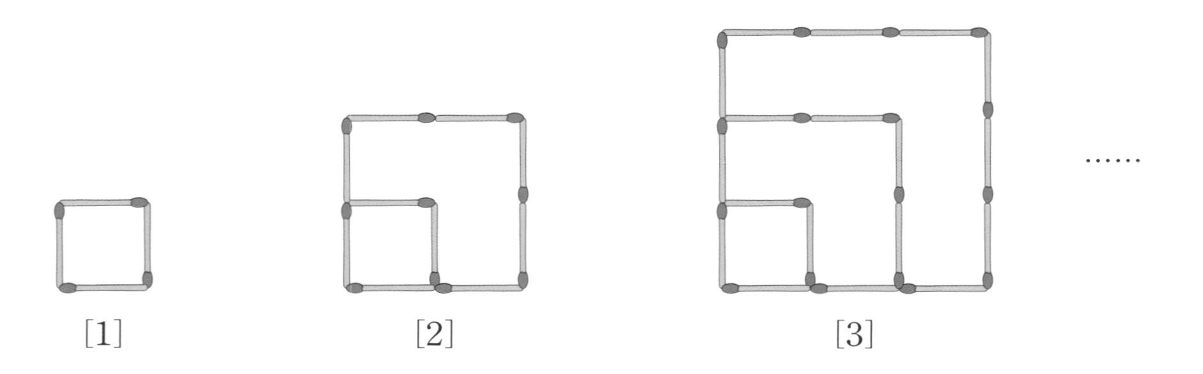

답 [4] : ________ 개, [7] : ________ 개

6 다음 직육면체의 겉면을 따라 실을 팽팽하게 감아 잡아당겼을 때, 실이 지나간 자리를 직육면체의 전개도에 그리시오.

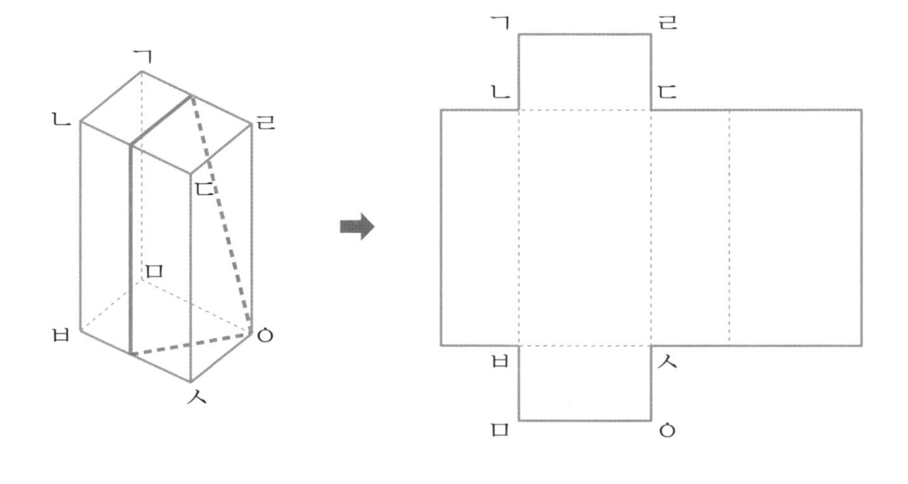

7 다음 중 3과 8의 합으로 만들 수 없는 자연수를 모두 구하시오.

① 7 ② 9 ③ 10 ④ 13 ⑤ 18

답 ____________

8 다음과 같은 과녁에 화살을 3번 맞혀서 얻을 수 있는 점수는 모두 몇 가지인지 구하시오.

답 ________ 가지

4 다음을 읽고, 5명 각자의 키를 구하시오.

> ㉠ 각자의 키는 135 cm, 137 cm, 140 cm, 144 cm, 147 cm입니다.
> ㉡ A는 B보다 키가 큽니다.
> ㉢ B와 C의 키는 일의 자리 숫자가 같습니다.
> ㉣ C와 D는 3 cm 차이가 납니다.
> ㉤ E는 A보다 키가 작습니다.

답 A : ________ cm, B : ________ cm, C : ________ cm, D : ________ cm, E : ________ cm

5 마주 보는 면의 눈의 합이 7인 보기 와 같은 주사위 5개를 그림과 같이 쌓았습니다. 바닥면을 포함하여 겉면에 보이는 주사위의 눈의 합을 구하시오.

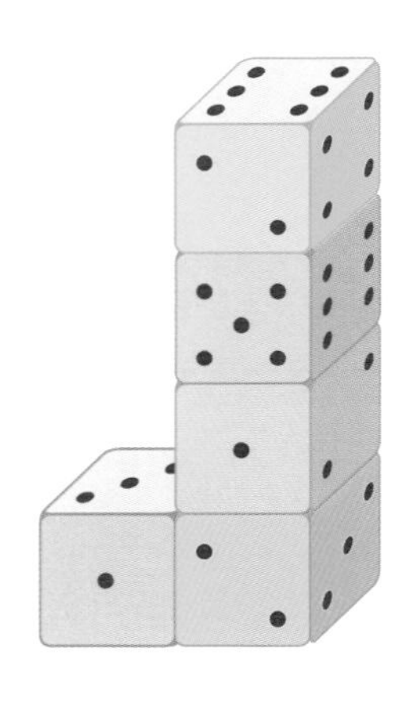

답 

총괄평가

1 다음 5장의 카드 중에서 3장을 골라 각 자리 숫자의 합이 9인 세 자리 수를 만들려고 합니다. 만들 수 있는 수를 모두 구하시오.

0	1	3	4	5

답 ____________________

2 다음을 만족하는 수를 모두 구하시오.

- 세 자리 수입니다.
- 15의 배수입니다.
- 십의 자리 숫자는 3입니다.

답 ____________________

3 다음 |조건|에 맞게 1부터 9까지의 수를 빈칸에 써넣으시오.

조건
- 6의 오른쪽과 아래에는 아무 수도 없습니다.
- 8의 바로 아래에 1이 있습니다.
- 4와 5 사이에 7이 있습니다.
- 2는 9와 6 사이에 있습니다.
- 9의 바로 왼쪽에는 5가 있습니다.
- 1의 오른쪽에는 4가 있습니다.

창의사고력 초등 수학 팩토

총괄평가

권장 시험 시간	50분

유의사항

- 총 문항 수(10문항)를 확인해 주세요.
- 권장 시험 시간(50분) 안에 문제를 풀어 주세요.
- 부분 점수가 있는 문제들이 있습니다. 끝까지 포기하지 말고 최선을 다해 주세요.

시험일시 ______ 년 ______ 월 ______ 일

이 름 ________________

채점 결과를 매스티안 홈페이지(http://www.mathtian.com)에 방문하여 양식에 맞게 입력해 보세요.
「총괄평가 결과지」를 직접 받아보실 수 있습니다.

매스티안

영재학급, 영재교육원, 경시대회 준비를 위한

창의사고력 초등 수학 팩토

바른 답
바른 풀이

Lv. 5
응용 B

매스티안

영재학급, 영재교육원, 경시대회 준비를 위한

창의사고력 초등 수학 팩토

바른 답 바른 풀이

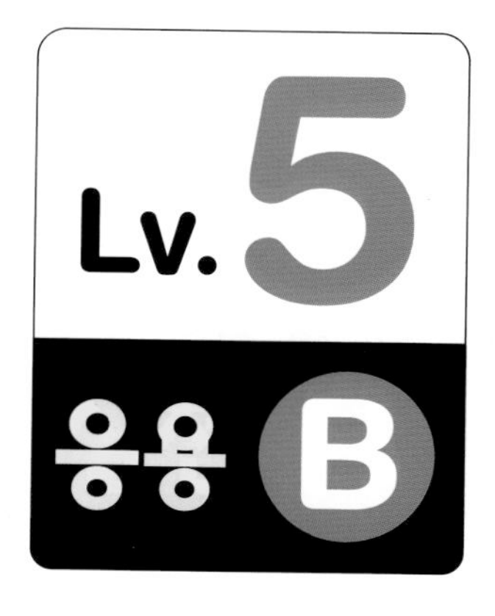

Ⅵ. 수론

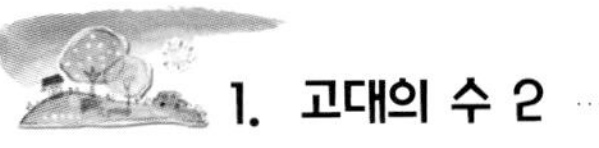

1. 고대의 수 2 P.8

Free FACTO

[풀이] (1) ① CCCLXXⅥ=100+100+100+50+10+10+5+1=376

② DCLXXⅡ=500+100+50+10+10+2=672

③ CCXⅨ=100+100+10+10−1=219

(2) ① 156=100+50+(5+1)=CLⅥ

② 348=100+100+100+50−10+8=CCCXLⅧ

③ 776=(500+100×2)+(50+10×2)+(5+1)=DCCLXXⅥ

[답] (1) ① 376 ② 672 ③ 219

(2) ① CLⅥ ② CCCXLⅧ ③ DCCLXXⅥ

[풀이] (1) ① 50+10×3+5+1×3=88

② 100+50+10×4+5+1×4=199

(2) ① 78=50+10×2+5+1×3=

② 239=100×2+10×3+5+1×4=

[답] (1) ① 88 ② 199 (2) ① 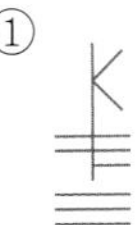 ② 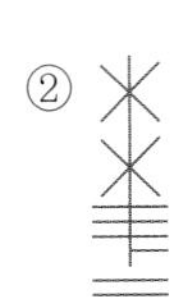

2. 수 만들기와 개수 P.10

Free FACTO

[풀이] 백의 자리가 7일 때 만들 수 있는 세 자리 짝수를 나뭇가지 그림을 그려 구하면 다음과 같습니다.

백	십	일	
7	3	2	… 732
		0	… 730
	2	0	… 720
	0	2	… 702

백의 자리가 3일 때 만들 수 있는 세 자리의 짝수의 개수는 백의 자리가 7일 때와 그 개수가 같습니다.
백의 자리가 2일 때 만들 수 있는 세 자리의 짝수를 나뭇가지 그림을 그려 구하면 다음과 같습니다.

백	십	일	
2	3	0	⋯ 230
	7	0	⋯ 270

따라서 0, 3, 2, 7을 사용하여 만들 수 있는 세 자리 짝수는 $4\times2+2=10$(개)입니다.

[답] 10개

[풀이] 7은 십의 자리에 있고, 0은 천의 자리가 될 수 없으므로 천의 자리 숫자가 될 수 있는 숫자는 5, 2, 6 세 개입니다. 천의 자리가 5일 때 만들 수 있는 네 자리 수를 나뭇가지 그림을 그려 구하면 다음과 같습니다.

천	백	십	일
5	0	7	2
			6
	2	7	0
			6
	6	7	0
			2

천의 자리가 5일 때 6개의 수를 만들 수 있고, 천의 자리가 2, 6일 때도 같은 개수만큼 만들 수 있으므로 $6\times3=18$(개)를 만들 수 있습니다.

[답] 18개

[풀이] 210보다 작은 세 자리 수이므로 백의 자리에는 1과 2만 들어갈 수 있습니다.

백	십	일
1	0	1
		2
		3
	1	0
		2
		3
	2	0
		1
		3
	3	0
		1
		2

백	십	일
2	0	1
		3

백의 자리가 1일 때는 12개, 백의 자리가 2일 때는 2개의 수를 만들 수 있으므로 모두 14개의 수를 만들 수 있습니다.

[답] 14개

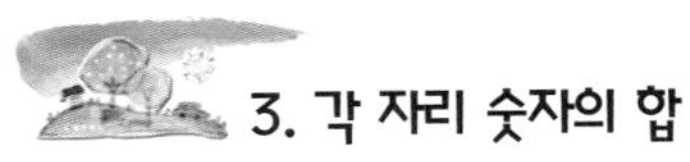

3. 각 자리 숫자의 합 P.12

Free FACTO

[풀이] 합이 4가 되는 세 수의 쌍을 찾아보면 다음과 같습니다.
(0, 0, 4), (0, 1, 3), (0, 2, 2), (1, 1, 2)
각 세 수의 쌍을 이용하여 만들 수 있는 세 자리 수를 구하면 다음과 같습니다.
(0, 0, 4) → 400
(0, 1, 3) → 103, 130, 301, 310
(0, 2, 2) → 202, 220
(1, 1, 2) → 112, 121, 211

[답] 400, 103, 130, 301, 310, 202, 220, 112, 121, 211

[풀이] 합이 5가 되는 두 수의 쌍을 찾아보면 다음과 같습니다.
(0, 5), (1, 4), (2, 3)
각각의 두 수의 쌍을 이용하여 만들 수 있는 두 자리 수를 구하면
(0, 5) → 50
(1, 4) → 14, 41
(2, 3) → 23, 32
입니다.
합이 5가 되는 세 수의 쌍을 찾아보면 다음과 같습니다.
(0, 0, 5), (0, 1, 4), (0, 2, 3), (1, 1, 3), (1, 2, 2)
각각의 세 수의 쌍을 이용하여 만들 수 있는 200 이하의 세 자리 수를 구하면
(0, 0, 5) → ×
(0, 1, 4) → 104, 140
(0, 2, 3) → ×
(1, 1, 3) → 113, 131
(1, 2, 2) → 122
입니다.
따라서 10에서 200까지의 수 중에서 각 자리 숫자의 합이 5인 수는 모두 10개입니다.

[답] 14, 23, 32, 41, 50, 104, 113, 122, 131, 140으로 10개

[풀이] 500은 각 자리 숫자의 합이 5이므로 제외하면 500보다 작은 세 자리 수로 백의 자리는 1, 2, 3, 4가 될 수 있습니다. 백의 자리를 제외한 나머지 자리의 숫자의 합이 각각 8, 7, 6, 5가 되는 수의 쌍을 찾아 만들 수 있는 세 자리 수를 구하면 오른쪽 표와 같습니다.

[답] 30개

백의 자리 숫자	나머지 자리의 숫자 쌍	만들 수 있는 수	개수
1	(0, 8) (1, 7) (2, 6) (3, 5) (4, 4)	108, 180 117, 171 126, 162 135, 153 144	9
2	(0, 7) (1, 6) (2, 5) (3, 4)	207, 270 216, 261 225, 252 234, 243	8
3	(0, 6) (1, 5) (2, 4) (3, 3)	306, 360 315, 351 324, 342 333	7
4	(0, 5) (1, 4) (2, 3)	405, 450 414, 441 423, 432	6

Creative  P.14

[풀이] (1) ① CCLXIV$=100\times2+50+10+(5-1)=264$

② CDXCVII$=(500-100)+(100-10)+(5+2)=497$

(2) ① $724=(500+100\times2)+10\times2+(5-1)=$DCCXXIV

② $486=(500-100)+50+(10\times3)+(5+1)=$CDLXXXVI

(3) ① CLVII+CCLIV$=\{100+50+(5+2)\}+\{100\times2+50+(5-1)\}=157+254=411$

$=(500-100)+10+1=$CDXI

② DXLIV+CCCXIX$=\{500+(50-10)+(5-1)\}+\{100\times3+10+(10-1)\}=544+319=863$

$=(500+100\times3)+(50+10)+3=$DCCCLXIII

[답] (1) ① 264 ② 497

(2) ① DCCXXIV ② CDLXXXVI

(3) ① CDXI ② DCCCLXIII

P.15

[풀이] 1, 2, 3, 4, 5 중에서 합이 8이 되는 세 수의 쌍은 (1, 2, 5), (1, 3, 4)가 있습니다.
각각의 세 수의 쌍으로 만들 수 있는 세 자리 수를 구하면
(1, 2, 5) → 125, 152, 215, 251, 512, 521
(1, 3, 4) → 134, 143, 314, 341, 413, 431
따라서 모두 12개입니다.

[답] 12개

[별해] (1, 2, 5)로 만들 수 있는 세 자리 수는 백의 자리에 들어갈 수 있는 숫자가 3개, 십의 자리에 들어갈 수 있는 숫자가 2개, 일의 자리에 들어갈 수 있는 숫자가 1개이므로 $3\times2\times1=6$(개)입니다. 같은 방법으로 (1, 3, 4)로 만들 수 있는 세 자리 수도 6개입니다.
따라서 모두 12개를 만들 수 있습니다.

[풀이] 천의 자리에는 0이 올 수 없으므로 2, 4, 7의 3가지 숫자만 올 수 있습니다. 같은 숫자를 여러 번 쓸 수 있으므로 백의 자리에는 0, 2, 4, 7의 4가지가 올 수 있고, 십의 자리, 일의 자리에도 4가지가 올 수 있습니다.
따라서 만들 수 있는 네 자리 수의 개수는 $3\times4\times4\times4=192$(개)입니다.

[답] 192개

P.16

[풀이] 220보다 크고 440보다 작으므로 백의 자리에는 2, 3, 4가 올 수 있습니다.
백의 자리 숫자가 2일 때:
십의 자리는 2, 3, 4, 5, 6의 5가지가 될 수 있고, 일의 자리는 1, 2, 3, 4, 5, 6의 6가지가 될 수 있으므로 $5\times6=30$(개)입니다.
백의 자리 숫자가 3일 때:
십의 자리와 일의 자리는 모두 1, 2, 3, 4, 5, 6의 6가지가 될 수 있으므로 $6\times6=36$(개)입니다.
백의 자리 숫자가 4일 때:
십의 자리는 1, 2, 3의 3가지가 될 수 있고, 일의 자리는 1, 2, 3, 4, 5, 6의 6가지가 될 수 있으므로 $3\times6=18$(개)입니다.
따라서 백의 자리 숫자가 2, 3, 4일 때를 모두 합하면 $30+36+18=84$(개)입니다.

[답] 84개

[풀이] 100보다 크고 200보다 작으므로 백의 자리 숫자는 1입니다. 따라서 나머지 두 자리의 숫자를 합하여 9가 되면 됩니다. 합이 9가 되는 두 수의 쌍을 찾아보면
(0, 9), (1, 8), (2, 7), (3, 6), (4, 5)
입니다.
각 쌍의 수를 이용하여 만들 수 있는 세 자리 수를 구하면 다음과 같습니다.
(0, 9) → 109, 190
(1, 8) → 118, 181
(2, 7) → 127, 172
(3, 6) → 136, 163
(4, 5) → 145, 154
따라서 모두 10개의 수를 만들 수 있습니다.

[답] 109, 118, 127, 136, 145, 154, 163, 172, 181, 190으로 10개

[풀이] | + || = ||| (1+2=3) ||| + |||| = ||||/||| (3+4=7) ||| + ||||/|||| = |∩ (3+8=11)

|||∩ + ||||/||| = ∩∩ (13+7=20) ∩∩∩/∩∩∩ + ∩∩∩/∩∩ = ∩? (60+50=110)을 나타냅니다.

(1) ||+|||∩ =2+13=15=|||||∩

(2) ||||||∩∩ + ||||∩∩∩∩∩∩∩ =36+84=120=∩∩?

(3) ||||||||∩∩∩∩?? + ||||∩∩∩∩∩∩??? =248+364=612=||∩??????

4. 수와 숫자의 개수 P.18

Free FACTO

[풀이] 1에서 86까지의 수 중에서 일의 자리에 4가 쓰인 수의 개수를 구하면 4, 14, 24, …, 84로 9개입니다. 또 십의 자리에 4가 쓰인 수의 개수를 구하면 40, 41, 42, …, 49로 10개입니다. 이 중 44는 십의 자리에도 4가 있고, 일의 자리에도 4가 있으므로 두 번 세었습니다.
따라서 1에서 86까지의 수 중에서 4가 쓰인 수는 9+10−1=18(개)이므로 건물의 층수는 86−18=68(층)입니다.

[답] 68층

[풀이] 1에서 100까지의 수 중에서 일의 자리에 5가 쓰인 수의 개수를 구하면 5, 15, 25, …, 95로 모두 10개입니다.
1에서 100까지의 수 중에서 십의 자리에 5가 쓰인 수의 개수를 구하면 50, 51, 52, …, 59로 모두 10개입니다.
이 중 55는 일의 자리, 십의 자리에 5가 들어 있으므로 두 번 세었습니다.
따라서, 1부터 100까지의 수 중에서 5가 쓰인 수는 10+10−1=19(개)입니다.
19장을 버리고 남는 카드는 100−19=81(장)입니다.

[답] 81장

[풀이] 10에서 1000까지의 수 중 일의 자리에 7이 있는 수는 17, 27, 37, …, 997로 모두 99개가 있습니다.

[답] 99개

[별해] 1에서 99까지의 수 뒤에 7을 붙이면 일의 자리에 7이 있는 수가 17부터 997까지 만들어집니다. 따라서 모두 99개가 있습니다.

해답

5. 배수판정법 P.20

Free FACTO

[풀이] 같은 공책 72권의 가격의 일의 자리 숫자를 ㉠, 만의 자리 숫자를 ㉡이라고 하면 72권의 가격은 ㉡529㉠으로 나타낼 수 있습니다. 같은 공책을 72권 샀으므로 구입하는 데 든 돈은 72의 배수입니다. 72의 배수는 8의 배수이고, 9의 배수입니다.
8의 배수는 끝에서부터 세 자리 수가 000이거나 8의 배수가 되어야 하므로 29㉠이 8의 배수가 되어야 합니다. 296이 8의 배수이므로 ㉠=6입니다.
9의 배수는 각 자리 숫자의 합이 9의 배수가 되어야 하므로 ㉡+5+2+9+6=22+㉡이 9의 배수가 되어야 합니다. 27이 9의 배수이므로 ㉡=5입니다.
따라서 공책 72권의 가격은 55296원이고, 공책 한 권의 가격은 55296÷72=768(원)입니다.

[답] 768원

[풀이] 6의 배수는 3의 배수이고 2의 배수이므로 각 자리 숫자의 합이 3의 배수가 되어야 하고, 일의 자리 숫자가 0, 2, 4, 6, 8 중 하나입니다.
274□가 3의 배수가 되려면 2+7+4+□=13+□가 3의 배수가 되어야 하므로 □=2, 5, 8이 될 수 있습니다.
274□가 2의 배수가 되려면 □=0, 2, 4, 6, 8이 될 수 있습니다.
따라서 □가 될 수 있는 숫자는 2, 8이고, 그 합은 10입니다.

[답] 10

[풀이] 9의 배수는 세 자리 수의 각 자리 숫자를 더해서 9의 배수가 되어야 하므로
0, 1, 2, 3, 4, 5 중 가장 큰 수인 3, 4, 5를 더해도 18은 되지 않으므로 세 수를 더해서 9가 되는 수의 쌍을 찾으면

(0, 4, 5), (1, 3, 5), (2, 3, 4)

입니다.
각 수의 쌍으로 만들 수 있는 세 자리 수를 구하면
(0, 4, 5) → 백의 자리에 2가지, 십의 자리에 2가지, 일의 자리에 1가지 숫자를 쓸 수 있으므로
2×2×1=4(개)
(1, 3, 5) → 백의 자리에 3가지, 십의 자리에 2가지, 일의 자리에 1가지 숫자를 쓸 수 있으므로
3×2×1=6(개)
(2, 3, 4) → (1, 3, 5)의 경우와 같으므로 3×2×1=6(개)
입니다. 따라서 모두 4+6+6=16(개)입니다.

[답] 16개

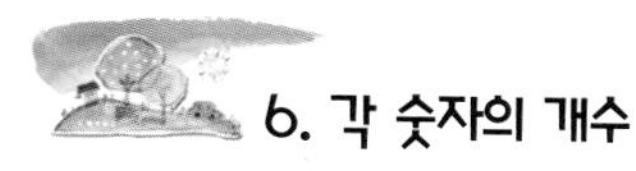

6. 각 숫자의 개수 P.22

Free FACTO

[풀이]
1에서 100까지 쓸 때 일의 자리에 쓴 숫자 1은 1, 11, 21, …, 91로 10개입니다.
1에서 100까지 쓸 때 십의 자리에 쓴 숫자 1은 10, 11, 12, …, 19로 10개입니다.
백의 자리에 쓴 숫자 1은 100으로 1개입니다.
따라서 숫자 1은 모두 10+10+1=21(번) 쓰게 됩니다.
1에서 100까지 쓸 때 일의 자리에 쓴 숫자 3은 3, 13, 23, …, 93으로 10개입니다.
1에서 100까지 쓸 때 십의 자리에 쓴 숫자 3은 30, 31, 32, …, 39로 10개입니다.
따라서 숫자 3은 모두 10+10=20(번) 쓰게 됩니다.
[답] 숫자 1 : 21번, 숫자 3 : 20번

[풀이] 0부터 999까지의 수를 모두 세 자리 수 형태로 쓰면 수의 개수는 1000개, 각 수는 모두 3개의 숫자로 된 세 자리 수입니다.
따라서 숫자의 개수는 1000×3=3000(개)입니다.
0, 1, 2, 3, 4, 5, 6, 7, 8, 9의 10개의 수가 똑같은 개수만큼 쓰게 되므로 모든 숫자는
3000÷10=300(개)씩 있습니다.
[답] 300번

[풀이] 1쪽부터 9쪽까지 사용한 숫자의 개수는 9개, 10쪽부터 99쪽까지 사용한 숫자는 90×2=180(개)입니다.
사용한 숫자가 399개이고, 1쪽부터 99쪽까지 인쇄하는 동안 9+180=189(개)의 숫자를 사용하였으므로 399−189=210(개)의 숫자를 사용하여 세 자리 수를 인쇄하면 됩니다. 세 자리 수 1개에는 숫자가 3개 사용되므로 210÷3=70(개)의 세 자리 수가 인쇄되었습니다. 100부터 시작하여 70째 번 수는 169이므로 마지막 쪽수는 169쪽입니다.
[답] 169쪽

Creative 팩토 P.24

[풀이] 0부터 9까지는 10개의 숫자, 10부터 99까지는 90×2=180(개)의 숫자가 쓰입니다. 520개의 숫자 중에서 0부터 99까지 쓰는 데 10+180=190(개)가 사용되었으므로 520−190=330(개)의 숫자를 사용하여 세 자리 수를 쓰면 됩니다. 세 자리 수 1개에는 숫자가 3개 사용되므로
330÷3=110(개)의 세 자리 수가 쓰였습니다. 100부터 시작하여 110째 번 수는 209이므로 마지막 수는 209입니다.
[답] 209

[풀이] 십의 자리 숫자가 1일 때 일의 자리 숫자는 2, 3, 4, …, 9까지 8개입니다.
십의 자리 숫자가 2일 때 일의 자리 숫자는 3, 4, 5, …, 9까지 7개입니다.
⋮
십의 자리 숫자가 8일 때 일의 자리 숫자는 9로 1개입니다.
따라서 구하는 수는 8+7+…+1=36(개)입니다.

[답] 36개

P.25

[풀이] 3의 배수는 각 자리 숫자의 합이 3의 배수가 되어야 하므로 6+5+2+5+□=18+□가 3의 배수가 되어야 합니다.
따라서 □=0, 3, 6, 9가 될 수 있습니다.
4의 배수는 끝에서부터 두 자리 수가 00 또는 4의 배수가 되어야 하므로 5□가 4의 배수가 되어야 합니다. 따라서 □=2, 6이 될 수 있습니다.
따라서 3의 배수이고, 4의 배수가 되기 위해서 □는 공통인 6이 되어야 합니다.

[답] 6

[풀이] 일의 자리와 십의 자리에 쓰인 3과 7의 개수는 모두 20×5=100(개)씩으로 같습니다. 7은 백의 자리에 사용되지 않고, 3은 백의 자리에 300, 301, 302, …, 399까지 모두 100개 사용되었으므로 3이 100개 더 사용되었습니다.

[답] 3이 100개

P.26

[풀이] 1부터 100까지의 수 중에서 일의 자리에 8이 있는 수는 8, 18, 28, …, 98로 10개입니다.
1부터 100까지의 수 중에서 십의 자리에 8이 있는 수는 80, 81, 82, …, 89로 10개입니다.
그런데 88은 8이 두 번 들어 있으므로 1부터 100까지의 수 중에서 8이 하나라도 들어 있는 수는 10+10−1=19(개)입니다.
101부터 200까지, 201부터 300까지, 301부터 400까지, 401부터 500까지의 수에도 8이 들어 있는 수의 개수는 같으므로 1부터 500까지의 수 중에서 8이 하나라도 들어 있는 수는 19×5=95(개)입니다.

[답] 95개

[풀이] 0부터 99까지의 수를 오른쪽과 같이 나열하면 0부터 9까지의 숫자가 똑같은 개수만큼 사용됩니다.
0부터 99까지의 수를 이와 같이 쓰면 쓰인 숫자의 개수는 100×2=200(개)이고, 모든 숫자가 똑같은 개수만큼 사용되었으므로 각 숫자는 200÷10=20(개)씩 사용되었습니다.
따라서 3, 6, 9가 각각 20개씩 사용되었으므로 박수는 20+20+20=60(번) 치게 됩니다.

00	01	02	03	04	05	06	07	08	09
10	11	12	13	14	15	16	17	18	19
20	21	22	23	24	25	26	27	28	29
				⋮					
90	91	92	93	94	95	96	97	98	99

[답] 60번

P.27

[풀이] (1) 1부터 시작하여 짝수를 제외하고 20개의 수를 쓰면 39까지 쓰게 됩니다.
(2) 1부터 39까지의 홀수 중에서 5의 배수는 5, 15, 25, 35의 4개가 있습니다.
(3) 39부터 4개의 홀수를 더 쓰면 41, 43, 45, 47입니다.
(4) 45는 5의 배수이므로 45를 빼고 하나를 더 쓰면 49입니다.

[답] (1) 39 (2) 4개 (3) 41, 43, 45, 47 (4) 49

Thinking 팩토

P.28

[풀이] 5로 나누어떨어지기 위해서는 일의 자리 숫자가 0 또는 5가 되어야 합니다.
따라서 1, 2, 3, 4, 5로 5의 배수인 세 자리 수를 만들기 위해서는 일의 자리 숫자가 5가 되어야 합니다.
일의 자리 숫자는 5이고, 백의 자리에는 4가지, 십의 자리에는 3가지 숫자가 들어갈 수 있으므로 $4 \times 3 = 12$(개)를 만들 수 있습니다.

[답] 12개

[풀이] 12의 배수는 3의 배수이고, 4의 배수입니다.
구하는 수를 5㉠㉡이라 할 때, 5㉠㉡이 3의 배수가 되기 위해서는 5+㉠+㉡이 3의 배수가 되어야 하고, 4의 배수가 되기 위해서는 ㉠㉡이 4의 배수가 되어야 합니다.
두 자리 수 중 4의 배수를 큰 수부터 차례로 나열하면 96, 92, 88, 84, 80, …이고, 이 중 5+㉠+㉡이 3의 배수가 되게 하는 가장 큰 수는 88입니다.
따라서 조건을 만족시키는 가장 큰 수는 588입니다.

[답] 588

P.29

[풀이] (1) 백의 자리 숫자가 1일 때는 남은 두 자리 숫자의 합이 9가 되어야 합니다. 두 숫자의 합이 9가 되는 숫자 쌍은 (0, 9), (1, 8), (2, 7), (3, 6), (4, 5)입니다. 십의 자리와 일의 자리는 위치가 바뀌어도 합이 9가 되므로 $5 \times 2 = 10$(개)입니다.
(2) 백의 자리 숫자가 2일 때는 남은 두 자리 숫자의 합이 8이 되어야 합니다. 두 숫자의 합이 8이 되는 숫자 쌍은 (0, 8), (1, 7), (2, 6), (3, 5), (4, 4)입니다. 십의 자리와 일의 자리는 위치가 바뀌어도 되지만 (4, 4)는 위치가 바뀌어도 같은 수이므로 $5 \times 2 - 1 = 9$(개)입니다.
(3) 백의 자리 숫자가 3일 때는 남은 두 자리 숫자의 합이 7이 되어야 합니다. 두 숫자의 합이 7이 되는 숫자 쌍은 (0, 7), (1, 6), (2, 5), (3, 4)입니다. 십의 자리와 일의 자리는 위치가 바뀌어도 합이 7이 되므로 $4 \times 2 = 8$(개)입니다.
(4) (1), (2), (3)에서 찾은 규칙에 따라 수의 개수를 세어 보면 백의 자리가 4, 5, 6, 7, 8, 9일 때, 각 자리 숫자의 합이 10인 세 자리 수는 각각 7개, 6개, 5개, 4개, 3개, 2개가 됩니다.
(5) (1)~(4)에서 구한 개수를 모두 더하면 $10+9+8+\cdots+2=54$(개)입니다.

[답] (1) 10개 (2) 9개 (3) 8개 (4) 7개, 6개, 5개, 4개, 3개, 2개 (5) 54개

P.30

[풀이] 2의 배수이면서 동시에 3의 배수인 수는 6의 배수입니다.
$100 \div 6 = 16 \cdots 4$이므로 6의 배수는 16개입니다.

[답] 16개

[풀이] 9의 배수가 되기 위해서는 각 자리 숫자의 합이 9의 배수가 되어야 합니다. 가장 큰 수를 구하기 위해서 십의 자리는 9가 되어야 하고, 일의 자리는 8과 더하여 9의 배수가 되는 수가 1뿐이므로 1이 되어야 합니다. 따라서, 가장 큰 수는 891입니다.

[답] 891

P.31

[풀이] (1) 1부터 1024까지 일의 자리에 0이 들어가는 수의 개수는 10, 20, 30, …, 1020으로 모두 102개입니다.

(2) 1부터 99까지 십의 자리에 0이 들어가는 수는 없습니다.
100부터 199까지 십의 자리에 0이 들어가는 수는 100, 101, 102, …, 109로 10개입니다.
200부터 299까지, …, 900부터 999까지도 각각 10개씩입니다.
따라서 1부터 999까지 십의 자리에 0이 들어가는 수의 개수는 $9 \times 10 = 90$(개)입니다.
또, 1000부터 1009까지 10개가 더 있으므로 모두 $90 + 10 = 100$(개)가 있습니다.

(3) 1부터 999까지는 백의 자리에 0이 들어가는 수는 없습니다. 1000에서 1024까지 백의 자리에 0이 들어가는 수는 25개입니다.

(4) (1)~(3)에서 구한 수의 개수를 모두 더하면 $102 + 100 + 25 = 227$(번)입니다.

[답] (1) 102개 (2) 100개 (3) 25개 (4) 227번

Ⅶ. 논리추론

1. 수 배치하기 P.34

Free FACTO

[풀이] 이웃하는 수가 적은 1과 8을 붙어 있는 칸이 가장 많은 칸에 넣고, 나머지 수를 이웃하는 수가 붙어 있지 않도록 배치합니다.

	3	5	
7	1	8	2
	4	6	

	4	6	
7	1	8	2
	3	5	

(여러 가지 방법이 있습니다.)

[답] 풀이 참조

[풀이] 왼쪽 윗칸의 수보다 큰 수가 3개는 있어야 하므로 왼쪽 윗칸에는 3, 4, 5가 들어갈 수 없습니다. 왼쪽 윗칸에 1과 2를 넣고 남은 수를 배치합니다.

1	2
3	5

1	2
4	5

1	3
2	4

1	3
2	5

1	3
4	5

1	4
2	5

1	4
3	5

2	3
4	5

[답] 풀이 참조

2. 연역적 논리 1 P.36

Free FACTO

[풀이]

	출발 후	도착	
일호	1등	5등	… ① 일호의 말
이민	2등	1등	… ⑤
삼식	4등	4등	… ④ 사공이의 말, 삼식이의 말
사공	3등	3등	… ③ 사공이의 말, 삼식이의 말
오준	5등	2등	… ② 이민이의 말

[답]

순위	출발 후	도착
1	일호	이민
2	이민	오준
3	사공	사공
4	삼식	삼식
5	오준	일호

[풀이] 모든 선수의 등 번호와 등수가 같지 않으므로 1번 선수는 1등이 아니고, 꼴찌도 아닙니다. 2번 선수는 2등이 아니고 1번 선수보다 먼저 들어왔으므로 1등입니다.
따라서 1번 선수는 2등입니다.
또, 3번, 4번 선수는 등 번호와 등수가 같지 않기 위해서는 각각 4등, 3등이 되어야 합니다.
[답] 1번 : 2등, 2번 : 1등, 3번 : 4등, 4번 : 3등

	1등	2등	3등	4등
1번	×	○	×	×
2번	○	×	×	×
3번	×	×	×	○
4번	×	×	○	×

3. 참말, 거짓말

P.38

Free FACTO

[풀이]

(i) A가 참말을 한 경우
- A : B가 거짓말을 한다. → B가 거짓말을 한다. (결과)
- B : C가 거짓말을 한다. → C가 참말을 한다.
- C : A, B 모두 거짓말을 한다. → A, B 모두가 거짓말을 하지 않는다.

모순

(ii) B가 참말을 한 경우
- B : C가 거짓말을 한다. → C가 거짓말을 한다.
- C : A, B 모두 거짓말을 한다. → A, B 모두가 거짓말을 하지 않는다.
- A : B가 거짓말을 한다. → A가 참말을 한다.

(iii) C가 참말을 한 경우
- C : A, B 모두 거짓말을 한다. → A, B 모두 거짓말을 한다.
- A : B가 거짓말을 한다. → B는 참말을 한다.

모순

따라서 B의 말이 참입니다.
[답] B

[풀이]

예상 \ 거짓말쟁이 수의	0명	1명	2명	3명
민준 : 거짓말쟁이 1명	거짓말	참말	거짓말	거짓말
서연 : 거짓말쟁이 2명	거짓말	거짓말	참말	거짓말
동수 : 거짓말쟁이 3명	거짓말	거짓말	거짓말	참말
결과	모순	모순	예상이 맞음	모순

따라서 거짓말쟁이는 민준, 동수 2명입니다.
[답] 민준, 동수

[풀이] 토끼가 잡아먹을 것이라고 대답했을 때, 호랑이가 놓아 주면 틀린 것이 되어 잡아먹어야 하고, 잡아먹으면 맞힌 것이 되어 놓아 주어야 하는 모순이 생깁니다. 따라서 호랑이는 놓아 주지도 못하고 잡아먹지도 못해 혼란스러워 할 것입니다.
[답] 잡아 먹을 수도 놓아 줄 수도 없습니다.

Creative 팩토

P.40

[풀이] ♡를 넣는 방법의 가짓수가 가장 적으므로 ♡를 먼저 넣고, ☆, △으로 칸을 채워 봅니다.

[풀이] 풀이 참조

[풀이]

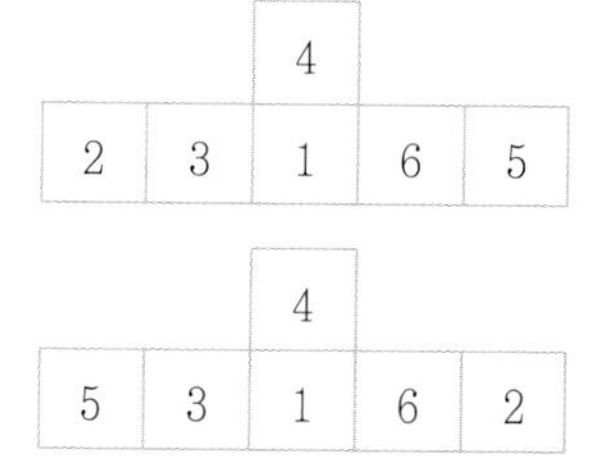

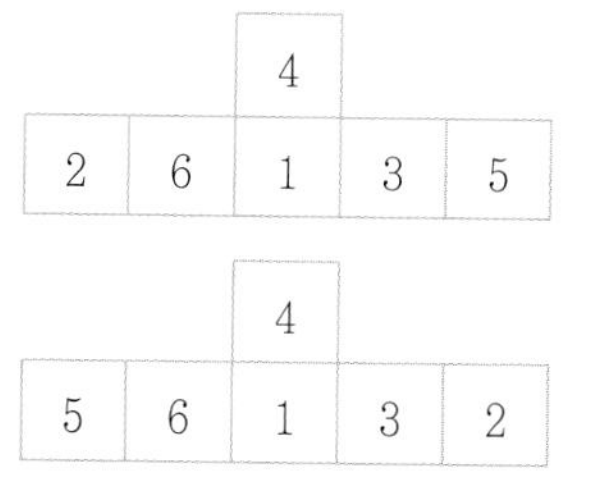

[답] 풀이 참조

P.41

[풀이] 1의 오른쪽에 2가 있어야 하고, 2 위에는 아무 수도 없으며, 7의 바로 오른쪽에 1이 있어야 하므로 1행을 오른쪽과 같이 채웁니다.

7	1	2

3은 1과 5 사이에 있어야 하고, 3의 왼쪽에 8이 있어야 합니다.

7	1	2
8	3	
	5	

또, 9의 아래쪽에 4가 있으므로 오른쪽과 같고, 남은 6을 빈 칸에 채웁니다.

7	1	2
8	3	9
	5	4

[답]

7	1	2
8	3	9
6	5	4

4 [풀이]

범인 예상	갑	을	병	정
갑 : 저는 훔치지 않았습니다.	거짓말	참말	참말	참말
을 : 병이 훔쳤습니다.	거짓말	거짓말	참말	거짓말
병 : 정이 훔쳤습니다.	거짓말	거짓말	거짓말	참말
정 : 을의 말은 거짓말입니다.	참말	참말	거짓말	참말

따라서 범인이 정이라고 예상했을 때 단 한사람 을만 거짓말을 하고 있습니다.

[답] 범인 : 정, 거짓말을 하고 있는 사람 : 을

5 [풀이]

• 창현이의 말이 참말일 경우 : 어제가 화요일이었으니까 오늘은 수요일입니다. 그러나 수요일은 창현이가 거짓말만 하는 요일이라 모순입니다.

• 창현이의 말이 거짓말일 경우 : 오늘이 수요일은 아니고, 창현이가 거짓말만 하는 요일이므로 월요일 또는 금요일입니다. 이 두 요일은 정우가 참말만 하는 요일이므로 오늘은 월요일입니다.

[답] 월요일

6 [풀이] 현진이는 액션 영화를 좋아하지 않습니다.
찬우도 액션 영화를 좋아하지 않습니다.
현진이와 진태는 멜로 영화를 좋아하지 않습니다.
찬우는 공포 영화와 멜로 영화를 좋아하지 않습니다.
이를 오른쪽 표에서 X로 표시합니다.

	현진	성수	진태	찬우
공포	×			×
코미디				
액션	×			×
멜로	×		×	×

찬우는 코미디 영화를 좋아하므로 현진, 성수, 진태는 코미디 영화를 좋아하지 않습니다.

	현진	성수	진태	찬우
공포				×
코미디	×	×	×	○
액션	×			×
멜로	×		×	×

남은 칸을 채우면 성수는 멜로 영화, 진태는 액션 영화를 좋아합니다.

	현진	성수	진태	찬우
공포				×
코미디	×	×	×	○
액션	×	×	○	×
멜로	×	○	×	×

따라서 현진이는 공포 영화를 좋아합니다.

	현진	성수	진태	찬우
공포	○	×	×	×
코미디	×	×	×	○
액션	×	×	○	×
멜로	×	○	×	×

[답] 현진 : 공포 영화, 성수 : 멜로 영화, 진태 : 액션 영화, 찬우 : 코미디 영화

[풀이] 표를 만들어 조건에 맞게 채워 봅니다.
A는 화가 또는 작가이므로 A는 조각가나 음악가가 아닙니다. 또, 작가와 D는 사이가 좋지 않으므로 D는 작가가 아닙니다.
B는 화가보다 나이가 많지만, 음악가보다는 나이가 어리므로 B는 화가나 음악가가 아닙니다. D와 조각가, 음악가는 등산을 가기로 했으므로 D는 조각가나 음악가가 아닙니다.
표에서 살펴보면 D가 화가, C가 음악가라는 것을 알 수 있습니다.
이를 다시 표에 채워 넣으면 B가 조각가, A가 작가라는 것을 알 수 있습니다.
[답] A : 작가, B : 조각가, C : 음악가, D : 화가

	화가	조각가	음악가	작가
A		×	×	
B	×		×	
C				
D		×	×	×

	화가	조각가	음악가	작가
A	×	×	×	○
B	×	○	×	×
C	×	×	○	×
D	○	×	×	×

[풀이] 갑과 을은 검은 모자만 보이는데 병은 흰 모자도 보이므로 병은 갑과 을보다 뒤에 앉아 있습니다. 또, 가장 앞에 앉아 있는 사람은 모자가 보이지 않으므로 정이 가장 앞에 있습니다. 을은 정의 뒤에 있으므로 앞에서부터 정, 을, 갑, 병의 순서로 앉아 있습니다.

병은 검은색, 흰색 모자 중 어느 것을 써도 상관 없습니다.
[답] 앞에서부터 차례로 정, 을, 갑, 병

4. 도미노 깔기 P.44

Free FACTO

[풀이] ① 9칸 ② 14칸 ③ 14칸 ④ 18칸
먼저, 칸의 개수가 홀수 개인 ①은 도미노를 이용하여 빈틈없이 덮을 수 없습니다.
②, ③, ④를 체스판 모양으로 칠했을 때, 도미노 1개를 놓으면 항상 흰색 1칸과 검은색 1칸을 덮게되므로 각각의 격자판을 검은색, 흰색으로 번갈아 가며 칠해 봅니다.

② 
흰색 : 6칸
검은색 : 8칸

③
흰색 : 6칸
검은색 : 8칸

④ 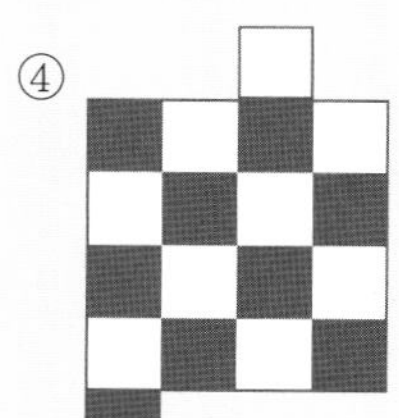
흰색 : 9칸
검은색 : 9칸

따라서 검은색과 흰색 칸의 개수가 같은 ④를 빈틈없이 덮을 수 있습니다.
[답] ④

[풀이] 격자판을 오른쪽 그림과 같이 체스판 모양으로 칠합니다. 달팽이는 왼쪽, 오른쪽, 앞, 뒤로 한 칸씩만 움직일 수 있으므로 검은색 칸에서 출발하면 흰색 칸으로 움직여야 합니다. 또, 달팽이는 한 칸 움직일 때마다 검은색 칸에서 흰색 칸으로, 흰색 칸에서 검은색 칸으로 움직이게 됩니다. 출발하는 검은색 칸을 제외하면 흰색이 4칸, 검은색이 4칸이므로 흰색 칸에서 출발하여 모든 칸을 단 한 번씩만 지나면 검은색 칸에 도착합니다 따라서 맨 위의 검은색 칸에서 출발하면 가운데 검은색 칸에 도착하므로 처음으로 돌아올 수 없습니다.

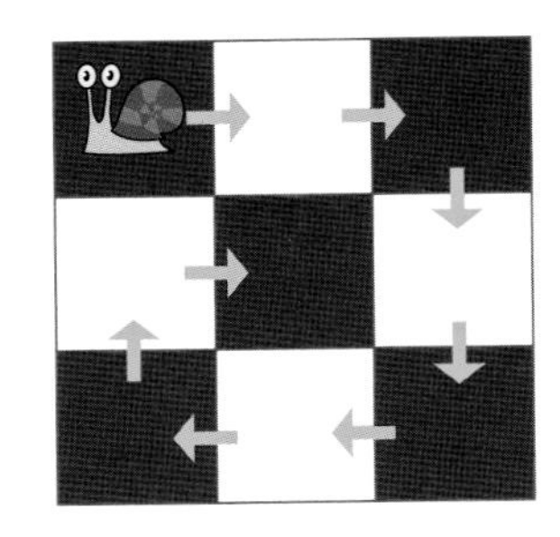

[답] 풀이 참조

5. 쾨니히스베르크의 다리

P.46

Free FACTO

[풀이] 평면도를 방을 점으로, 문을 선으로 하여 점과 선으로 나타내면 홀수점이 A와 B로 2개입니다. 홀수점과 홀수점을 잇는 선을 1개 없애면 홀수점이 2개가 없어지고 모두 짝수점이 됩니다. 따라서 홀수점의 개수가 0개인 한붓그리기 그림이 되어 어떤 점에서 출발해도 모든 선을 한 번씩 지나서 다시 출발점으로 돌아올 수 있게 됩니다.

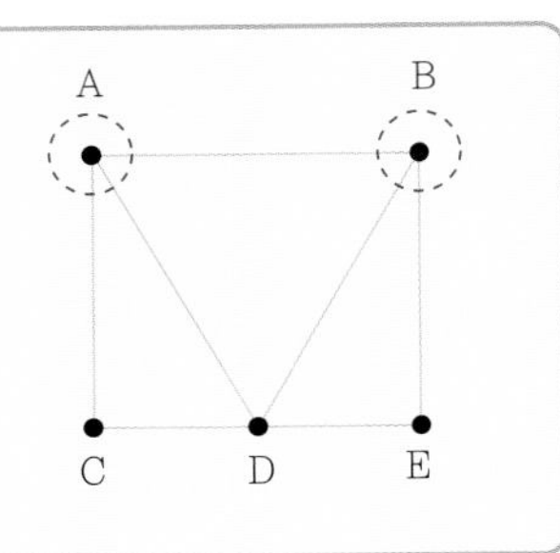

[답] ①

[풀이] 방을 점으로, 문을 선으로 하여 평면도를 점과 선으로 나타냅니다.

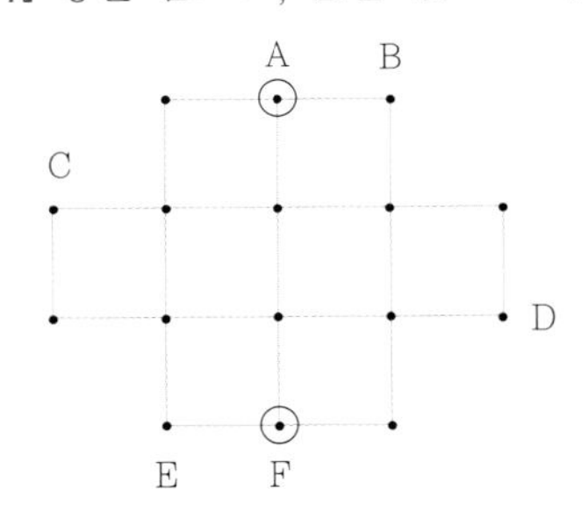

A와 F는 홀수점이므로 홀수점인 A에서 모든 문을 한 번씩만 지나면 다른 홀수점인 F에 도착하게 됩니다.
경로를 그려 보면 오른쪽과 같습니다.

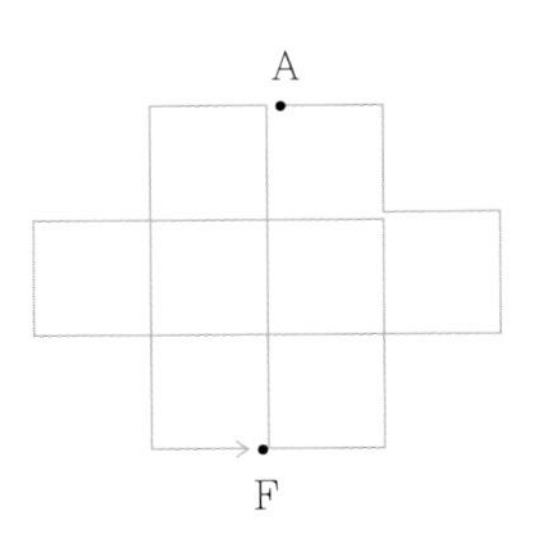

[답] F

6. 비둘기 집 원리 2 P.48

Free FACTO

[풀이] 받을 수 있는 점수는 0, 10, 20, 30, 40, 50점으로 6가지이고 가장 운이 나쁠 경우 6명의 학생들이 6가지의 점수를 골고루 한 번씩 받을 수 있습니다. 따라서 적어도 같은 점수를 받은 학생이 2명 이상 나오려면 최소한 6+1=7(명)의 학생이 퀴즈 대회에 참가해야 합니다.
[답] 7명

[풀이] 꺼냈을 때 나올 수 있는 구슬의 종류는 빨강, 파랑, 초록, 검정이고 가장 운이 나쁜 경우 4개의 구슬을 꺼내도 4가지 색이 골고루 1개씩 나와 같은 색 구슬 2개를 얻지 못할 수 있습니다.

			○	… 1개
○	○	○	○	
빨간 구슬	파란 구슬	초록 구슬	검은 구슬	

따라서 적어도 4+1=5(개)의 구슬을 꺼내야 합니다.
[답] 5개

[풀이] 달의 종류는 12가지이고, 학생은 모두 13명으로 12개의 달에 골고루 학생들이 태어났다 하더라도 남은 1명이 있어 같은 달에 태어난 학생이 반드시 있습니다.
[답] 풀이 참조

Creative  P.50

[풀이] 어떤 자리와 그 자리에서 옮겨갈 수 있는 자리를 다른 색으로 칠하면 다음과 같습니다.

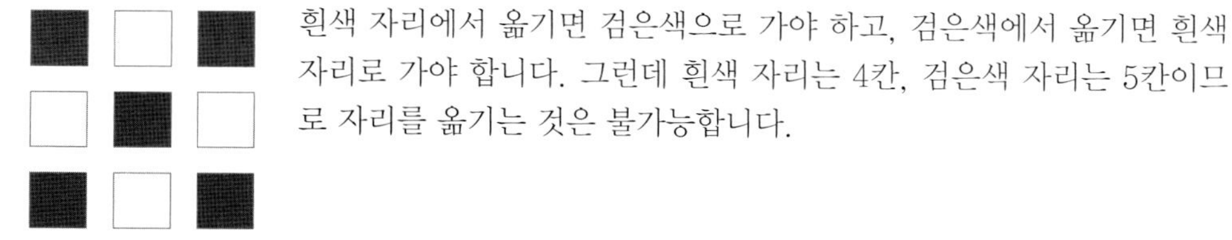

흰색 자리에서 옮기면 검은색으로 가야 하고, 검은색에서 옮기면 흰색 자리로 가야 합니다. 그런데 흰색 자리는 4칸, 검은색 자리는 5칸이므로 자리를 옮기는 것은 불가능합니다.
[답] 풀이 참조

[풀이] 운이 가장 나쁜 경우 A, A, B, B, C, C로 각각의 구슬을 2개씩 모두 6개를 꺼내어도 같은 구슬을 3개 만들 수 없게 됩니다.
이 상황에서 구슬을 한 개만 더 꺼내면 어떤 경우에도 같은 구슬을 3개 만들 수 있습니다.
따라서 적어도 구슬을 6+1=7(개) 꺼내야 합니다.
[답] 7개

P.51

[풀이] (1) 타일 1개는 2칸, 욕실 바닥은 25칸이므로 $25 \div 2 = 12 \cdots 1$ 에서 타일을 최대 12개까지 깔 수 있습니다.

(2)

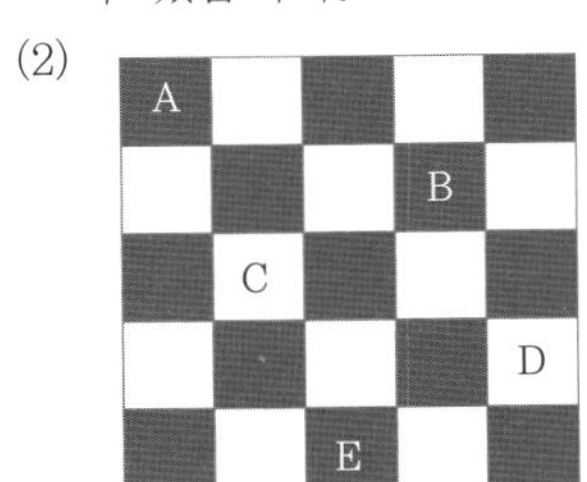

욕실 바닥은 검은색 13칸, 흰색 12칸이므로 타일을 최대한 많이 깔 때 흰색 바닥은 타일이 반드시 깔리고, 검은색 바닥은 한 칸이 남게 됩니다. 따라서 타일이 반드시 깔리는 곳은 흰색 바닥인 C, D입니다

[답] (1) 12개 (2) C, D

P.52

[풀이] 홀수점이 2개이면 1개의 홀수점에서 출발하여 다른 1개의 홀수점에서 끝나고, 홀수점이 0개이면 출발점과 도착점이 같습니다.

따라서 홀수점인 ㈑와 ㈔를 연결하면 홀수점이 0개가 되어 출발점과 도착점이 같아집니다.

[답] ㈑와 ㈔

[풀이] 나라는 모두 230개이고 사람은 2400명이므로 230개의 나라에서 골고루 참가했다 하더라도 $2400 = 230 \times 10 + 100$으로, 남는 100명이 있어 같은 나라에서 온 사람이 $10 + 1 = 11$(명)인 나라가 반드시 생깁니다.

[답] 11명

P.53

[풀이] [그림 2]의 나이트는 검은색 칸 위에 있고, 나이트가 한 번 움직일 때마다 칸의 색깔이 바뀌므로 3번 움직이면 다음과 같으므로 흰색 칸으로만 갈 수 있습니다.

검은색 —1번→ 흰색 —2번→ 검은색 —3번→ 흰색

따라서 3번 움직여서 검은색 칸인 B 위치로는 갈 수 없습니다.

[답] 풀이 참조

Thinking 팩토 P.54

[풀이]

4	1	3	2	5
4	1	3	5	2
5	2	3	1	4
2	5	3	1	4

1	4	3	2	5
1	4	3	5	2
5	2	3	4	1
2	5	3	4	1

[답] 풀이 참조

[풀이] 땅을 점으로, 다리를 선으로 하여 간단하게 나타내면 다음과 같습니다.

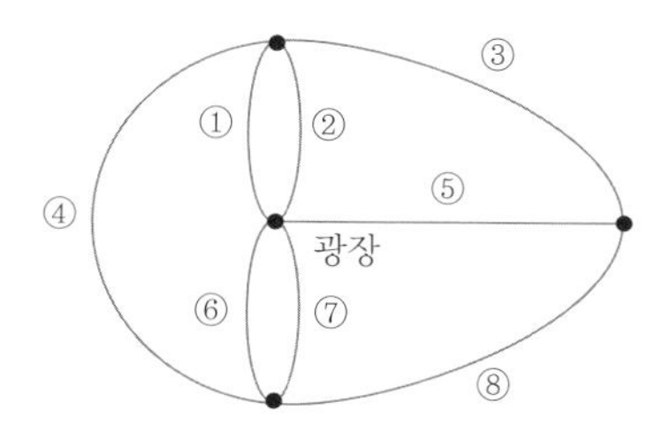

그림에서 홀수점은 2개이고, 광장에서 출발하여 모든 다리를 한 번씩만 지나고 다시 처음 위치 광장으로 돌아오기 위해서는 홀수점이 0개여야 합니다.
따라서 두 개의 홀수점 사이를 잇는 다리인 ⑤를 제외하면 홀수점이 0개가 되어 출발점과 끝점의 개수가 같게 되므로 다시 출발 지점으로 돌아올 수 있습니다. 즉, 소년이 지나지 않은 다리는 ⑤입니다.
[답] ⑤

P.55

[풀이] 1번씩 쏘았을 때, 나올 수 있는 점수는 2, 4, 6점으로 3가지이고, 가장 운이 나쁜 경우 각각의 점수를 9명씩 골고루 받아 $3\times9=27$(명)의 선수가 참가해도 점수가 같은 10명이 없을 수도 있습니다.
따라서 점수가 같은 10명이 반드시 있으려면 적어도 $27+1=28$(명)의 선수가 참가해야 합니다.
[답] 28명

[풀이] 민지의 아침 식사의 종류는 $3\times3=9$(가지)이고 지난 달의 날의 수는 최소 28일이므로 9가지의 아침 식사를 골고루 했다고 하더라고 $28=9\times3+1$이므로 같은 아침 식사를 적어도 $3+1=4$(번) 한 날이 있습니다.
[답] 풀이 참조

P.56

[풀이] 왼쪽 그림으로 채울 수 있는 정사각형 모양의 격자판은 최소 4×4 격자판입니다.

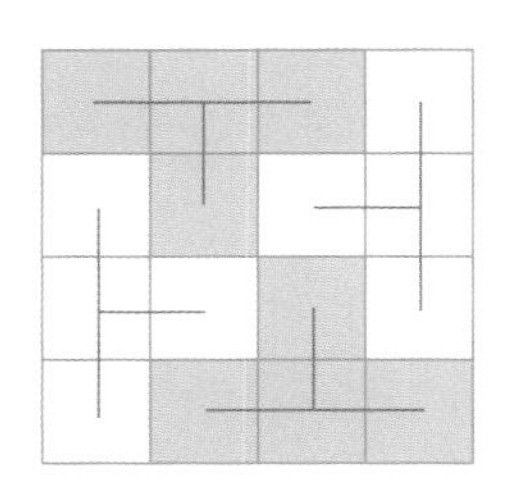

가로와 세로의 칸의 수가 4의 배수인 격자판만을 모두 채울 수 있으므로 6×6 격자판은 모두 채울 수 없습니다.

[답] 풀이 참조

[풀이] 5, 6, 7, 8 중 두 수의 합이 15가 되는 수는 7, 8이므로 이를 먼저 채웁니다. 이 때, 5, 6 중 8과 더해서 12가 되는 수는 없으므로 8을 위에 써야 합니다. 나머지 수를 규칙에 맞게 채우면 다음과 같습니다.

[답] 풀이 참조

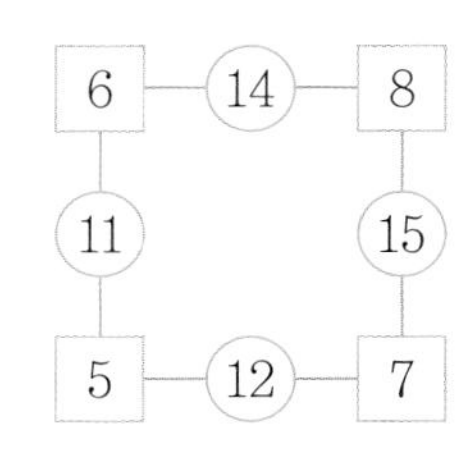

P.57

[풀이] • 노인이 천사라면, “나는 인간이라네.”라는 노인의 말이 참말이 되므로 모순

• 청년이 천사라면, “나는 악마입니다.”라는 청년의 말이 참말이 되므로 모순

• 아이가 천사라면, “저는 악마가 아니에요.”라는 아이의 말이 참말이 되고,

• 노인과 청년은 인간과 악마인데 청년이 악마라면 “난 악마입니다.”가 참으로 모순입니다.

따라서 청년은 인간이고 노인은 악마가 됩니다.

[답] 천사 : 아이, 악마 : 노인, 인간 : 청년

[풀이] A는 D보다 3살 많으므로 10살, 12살은 아닙니다.
또 A가 C보다 어리다고 했으므로 A는 16살도 아닙니다.
B는 형도 있고 동생도 있으므로 B는 10살, 16살은 아닙니다.
C는 A보다 위 A는 D보다 위, D는 막내가 아니므로 C는 10살, 12살, 13살은 아닙니다. D는 막내가 아니므로 10살이 아닙니다.
따라서 E는 10살입니다.
A는 D보다 3살 많으므로 D는 12살, A는 15살이 됩니다.
남은 칸을 모두 채우면 B는 13살, C는 16살입니다.

[답] A : 15살, B : 13살, C : 16살, D : 12살, E : 10살

	10살	12살	13살	15살	16살
A	×	×			×
B	×				×
C	×	×	×		
D	×				
E	○	×	×	×	×

	10살	12살	13살	15살	16살
A	×	×	×	○	×
B	×	×	○	×	×
C	×	×	×	×	○
D	×	○	×	×	×
E	○	×	×	×	×

Ⅷ. 공간감각

1. 주사위의 전개도 P.60

Free FACTO

[풀이] 접었을 때 마주 보는 면은 한 모서리에서 만나지 않습니다. 전개도를 접었을 때 맞닿는 모서리를 표시해 보면 그림과 같습니다.

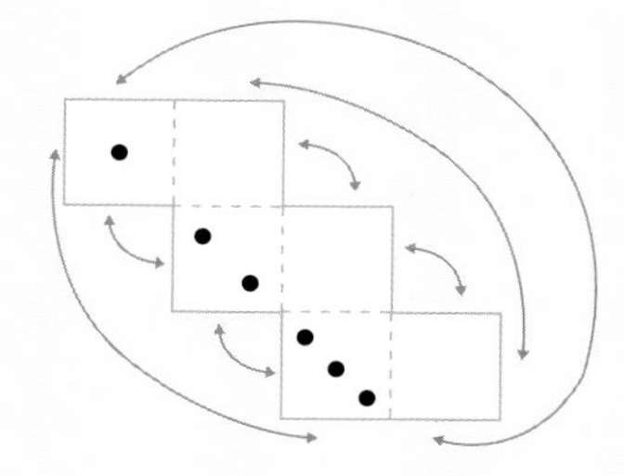

칠해진 면은 ⚀ 과 한 모서리에서 만나지 않습니다. 따라서 칠해진 면에는 ⚅ 이 들어갑니다.

⚁, ⚂ 과 한 모서리에서 만나지 않는 면을 찾아 ⚄, ⚃ 를 각각 그려 넣으면 됩니다.

[답]

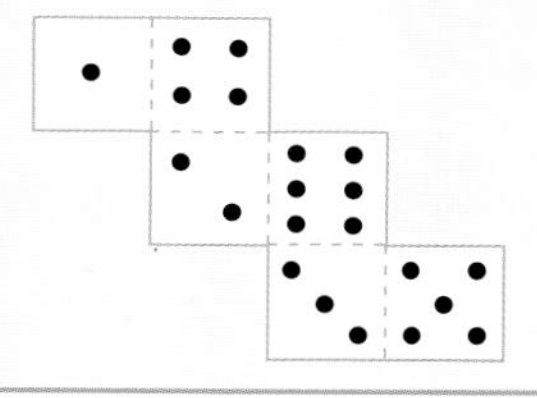

[풀이] 접었을 때 맞닿는 모서리를 표시해 보면 다음과 같습니다.

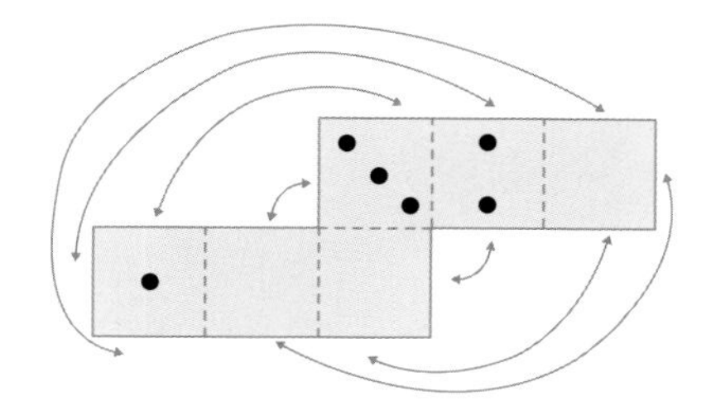

따라서 서로 맞닿지 않는 두 면을 마주 보는 면으로 눈의 합이 7이 되도록 빈칸을 채웁니다.

[답]

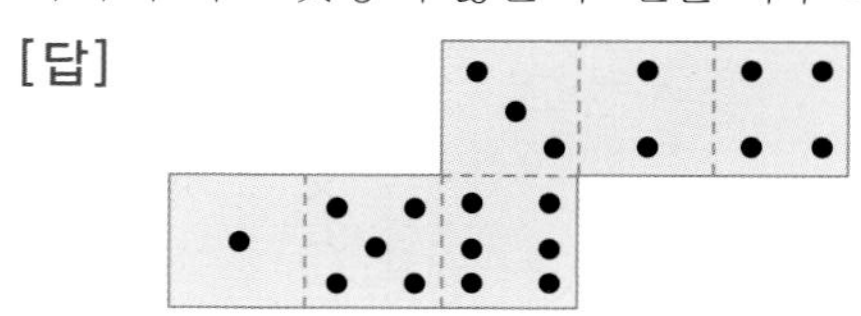

[풀이] 마주 보는 면에 쓰인 수를 찾아 모양을 완성합니다.

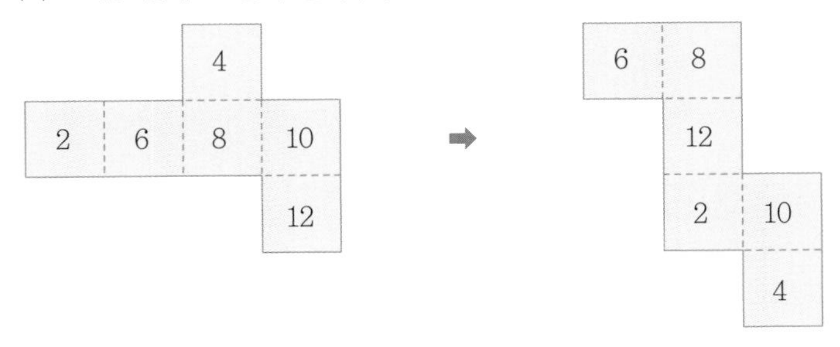

[답] 풀이 참조

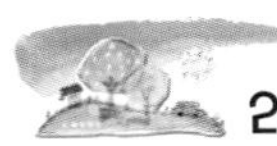

2. 주사위의 7점 원리 P.62

Free FACTO

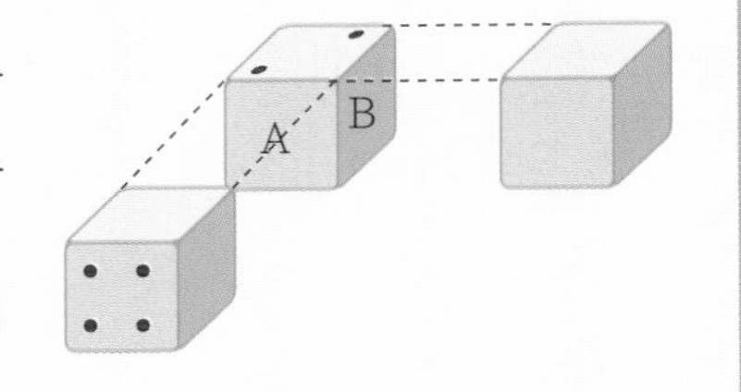

[풀이] 주사위 3개를 오른쪽 그림과 같이 그립니다. ⁚⁚ 면과 마주 보는 면의 눈의 수는 7−4=3이고, 이 면과 맞닿은 A 면의 눈의 수도 6−3=3입니다.
가운데 주사위의 B 면의 눈의 수는 1이고, B 면과 맞닿은 면의 눈의 수는 6−1=5입니다.
따라서 ㉠ 면의 눈의 수는 7−5=2입니다.
[답] 2

[풀이] 주사위를 굴려 보면 바닥에 닿는 면의 눈의 수는 오른쪽 그림과 같습니다.
따라서 ㉠에서 바닥에 닿는 면은 3이므로 윗면에 보이는 눈은 7−3=4입니다.
[답] 4

4		
1	2	
	3	

[풀이] 주사위 1개의 모든 눈의 합은 1+2+3+4+5+6=21입니다. 보이지 않는 눈의 합이 가장 작을 때, 겉면에 보이는 눈의 합이 가장 크게 되므로 오른쪽과 왼쪽에 있는 주사위의 맞닿은 면이 1이 되도록 합니다. 가운데 주사위는 어떻게 놓아도 보이지 않는 두 면의 눈의 합은 7입니다.
따라서 3개의 주사위에서 보이는 면의 눈의 합이 가장 클 때는 21×3−7−1−1=54입니다.
[답] 54

3. 세 면에서 본 주사위 P.64

Free FACTO

[풀이] ①, ②는 1, 2, 3의 눈이 시계 방향으로 배열되어 있습니다. ③은 1이 바닥면, 2가 왼쪽 옆면에 있으므로 1, 2, 3이 시계 방향입니다. ④는 3이 왼쪽 옆면, 2가 뒷면에 있으므로 1, 2, 3이 시계 반대 방향으로 배열되어 있습니다. 따라서 ④만 시계 반대 방향으로 배열되어 있습니다.
[답] ④

[풀이] ①은 왼쪽 옆면이 3, 뒷면이 1입니다. 따라서 1, 2, 3이 시계 방향입니다.②는 왼쪽 옆면이 1이므로 1, 2, 3이 시계 반대 방향입니다. ③은 바닥면에 3이 있으므로 1, 2, 3이 시계 방향입니다. ④는 바닥면이 3, 뒷면이 2이므로 1, 2, 3이 시계 방향입니다. ⑤는 1, 2, 3이 시계 방향으로 배열되어 있습니다. 따라서 ②만 시계 반대 방향으로 배열되어 있습니다.
[답] ②

[풀이] 그림의 주사위는 1, 2, 3이 시계 반대 방향으로 배열되어 있는 좌회전 주사위입니다. 다음 그림에서 살펴보면 주사위의 각 면은 다음과 같습니다.

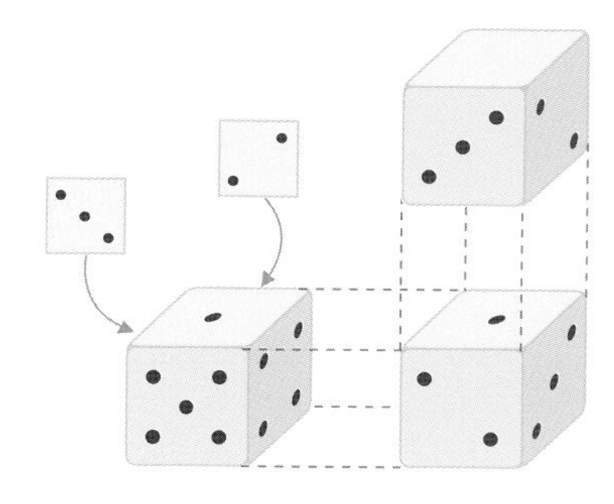

따라서 (가)면은 5가 됩니다.
[답] 5

Creative 팩토 P.66

[풀이] 전개도에서 맞닿는 모서리를 표시해 보면 다음과 같습니다.

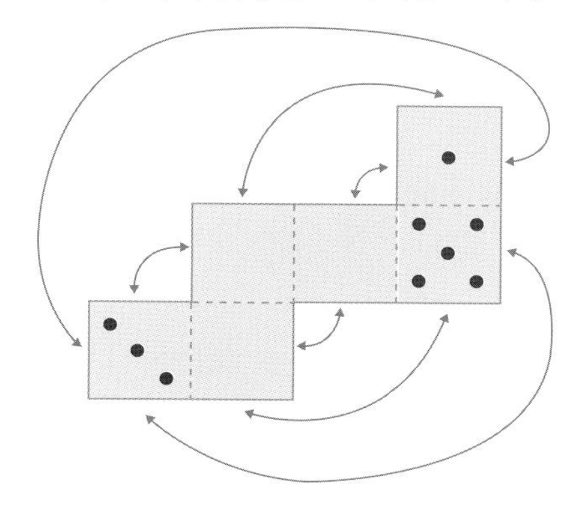

마주 보는 면은 한 모서리에서 맞닿지 않으므로 마주 보는 면을 찾아 합이 7이 되도록 표시합니다.

[답]

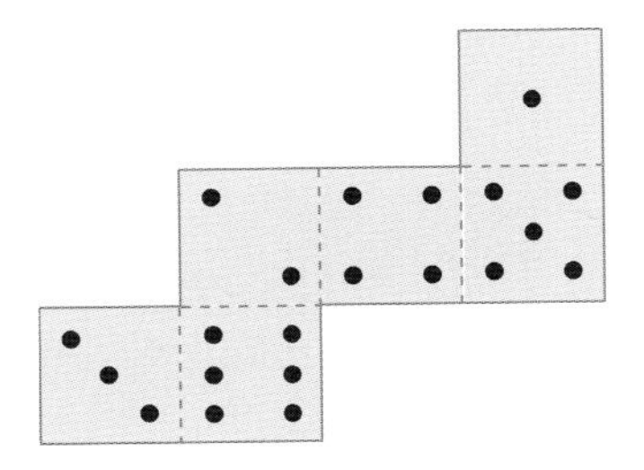

[풀이] 접었을 때 한 모서리에서 맞닿는 면을 연결해 보면 4의 뒷면에는 8, 3의 뒷면에는 5, 6의 뒷면에는 7이 있음을 알 수 있습니다.

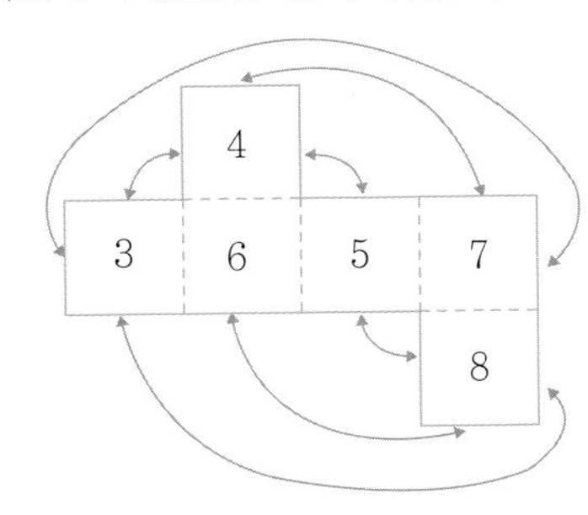

앞에서 보이는 수가 4, 7, 8, 6, 5이므로 뒤에서는 8, 6, 4, 7, 3이 보입니다.
따라서 그 합은 $8+6+4+7+3=28$입니다.

[답] 28

P.67

[풀이] (1) 윗면의 눈의 수가 4이므로 보이지 않는 면의 눈의 수는 3입니다.
(2) 마주 보는 두 면이 보이지 않으므로 두 면의 눈의 합은 항상 7입니다.
(3) 마주 보는 두 면의 눈의 합인 7이므로, 7개의 보이지 않는 눈의 합은 $3+7+7+7=24$입니다.

[답] (1) 3 (2) 7, 7 (3) 7, 24

P.68

[풀이] 7점 원리가 성립하는 주사위에서는 4, 5, 6이 항상 한 꼭짓점에 모이게 됩니다. 그림의 전개도도 7점 원리가 성립합니다. 따라서 한 꼭짓점에 4, 5, 6이 모이므로 세 면의 눈의 수의 곱이 가장 클 때는 $4\times5\times6=120$입니다.

[답] 120

[풀이] 왼쪽 주사위의 오른쪽 면은 6이고, 오른쪽 아래에 있는 주사위의 왼쪽 면은 1이고 윗면은 3, 오른쪽 위에 있는 주사위의 아랫면은 5입니다. 따라서 보이지 않는 면의 눈의 합은 $6+1+3+5=15$입니다.
주사위 한 개의 눈의 합은 21이고 주사위 3개의 모든 눈의 합은 63이므로 보이는 주사위의 눈의 합은 $63-15=48$입니다.

[답] 48

P.69

[풀이] 주사위를 굴려 보면 바닥에 닿는 면은 다음과 같습니다.

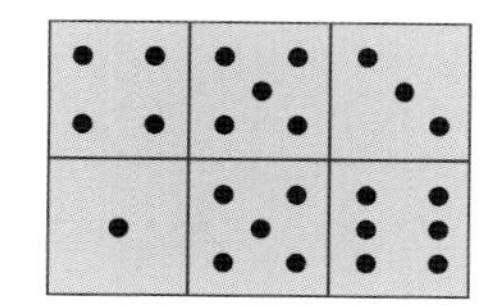

따라서 ㉠에 닿는 면은 1이고, 윗면에 보이는 눈의 수는 6이 됩니다.

[답] 6

[풀이] 주사위는 마주 보는 눈의 합이 7이므로 다음과 같이 각 면의 수를 모두 찾을 수 있습니다. 꼭짓점이 8개이므로 8개의 방향에서 보이는 눈을 더해 보면 다음과 같습니다.

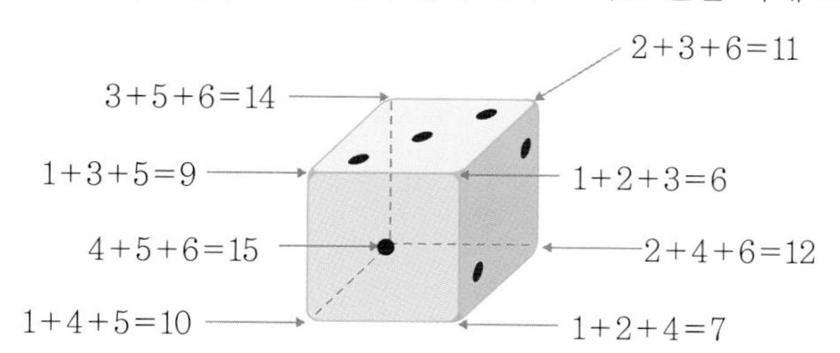

[답] 6, 7, 9, 10, 11, 12, 14, 15

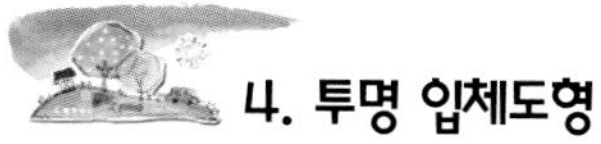

4. 투명 입체도형

P.70

Free FACTO

[풀이]

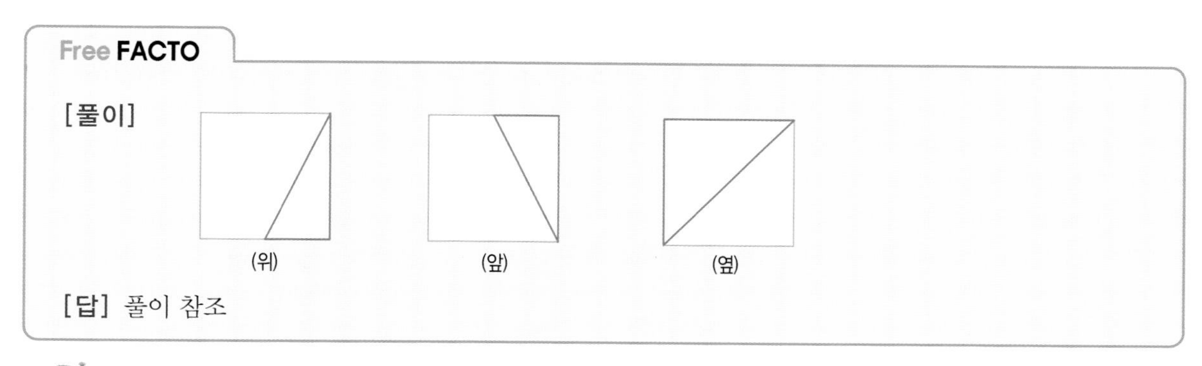

[답] 풀이 참조

[풀이]

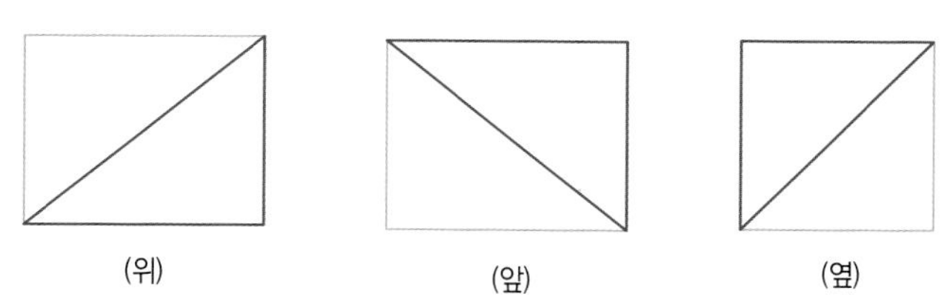

(위) (앞) (옆)

[답] 풀이 참조

[풀이] 화살표 방향에서 빛을 비추면 그림자의 모양이 ①, ②, ③, ④와 같이 나타납니다.
[답] ⑤

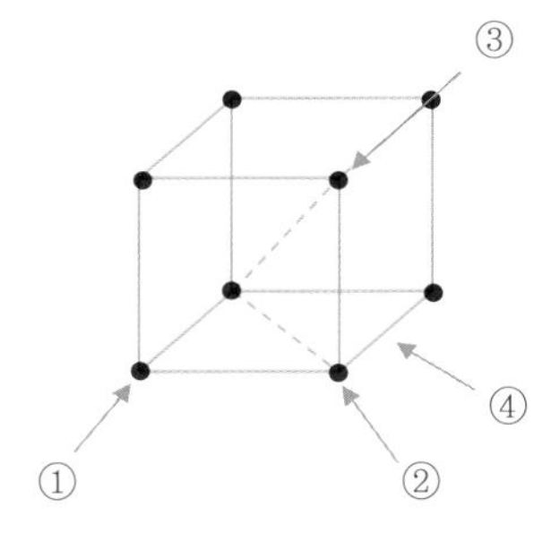

5. 여러 가지 전개도

P.72

Free FACTO

[풀이] 옆면의 모양을 비교해 보면 ②, ③, ⑤는 답이 될 수 없습니다. 색칠해진 면이 2개이므로 전개도를 접었을 때 ④번 모양이 됩니다.
[답] ④

[풀이] 색칠해진 삼각형과 직사각형이 붙어 있는 위치를 보면 ①이 답임을 알 수 있습니다.
[답] ①

[풀이] 정삼각형 1개에는 정사각형 3개가 연결됩니다. 연결되는 면을 살펴보면 ③과 ④는 삼각기둥을 만들 수 없습니다.
[답] ③, ④

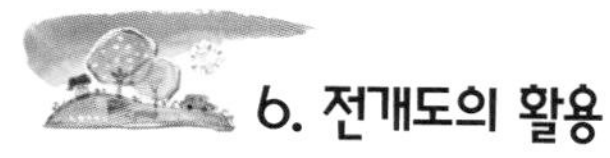

6. 전개도의 활용 P.74

Free FACTO

[풀이] 전개도의 내부에 있는 선은 접었을 때 1개의 모서리가 되고, 전개도의 바깥선은 2개가 만나야 1개의 모서리가 됩니다.

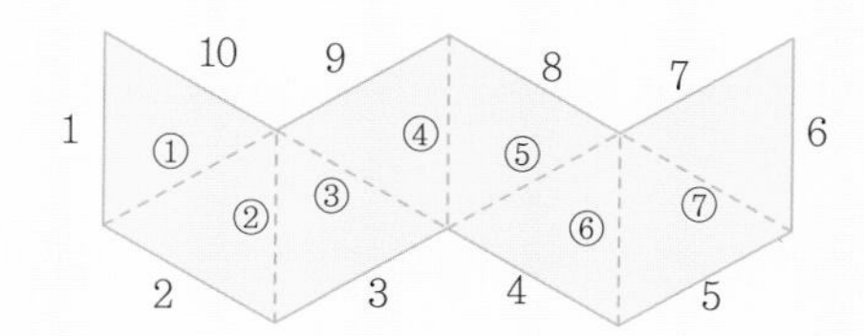

전개도의 내부의 선은 7개이고, 외부에는 같은 길이의 선분이 10개 있으므로 모서리는 모두 $7+10\div2=12$(개)가 됩니다.
접었을 때 만나는 꼭짓점은 다음과 같으므로 꼭짓점의 개수는 6개가 됩니다.

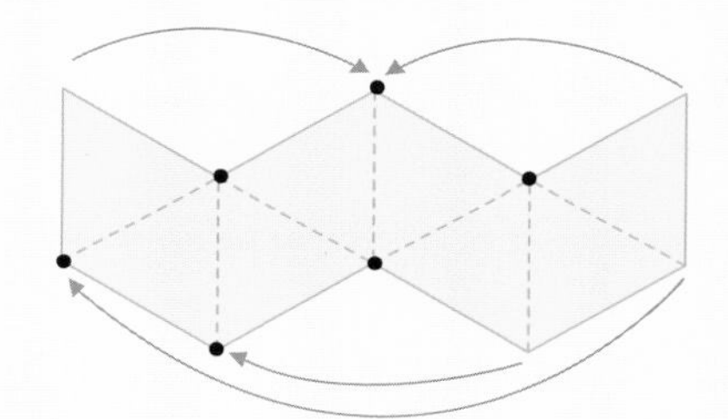

[답] 모서리 : 12개, 꼭짓점 : 6개

[풀이] 전개도 내부에는 선이 11개, 전개도의 바깥에는 같은 길이의 선분이 38개 있습니다.
따라서 모서리의 개수는 $11+38\div2=30$(개)입니다.
[답] 30개

[풀이] 전개도를 접으면 다음과 같은 모양이 됩니다.

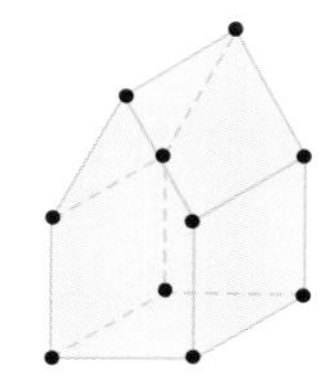

따라서 모서리는 15개이고, 꼭짓점은 10개입니다.
[답] 모서리 : 15개, 꼭짓점 : 10개

Creative 팩토 P.76

1 [풀이]

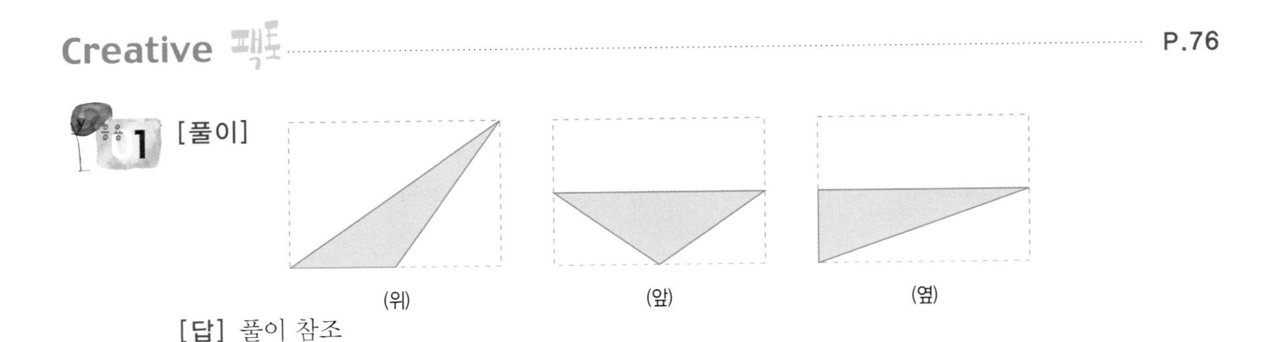

[답] 풀이 참조

2 [풀이] 삼각형은 반드시 사각형과 한 면이 맞닿아 있어야 사각뿔이 될 수 있습니다. 맞닿는 면끼리 연결해 보면 다음과 같습니다.

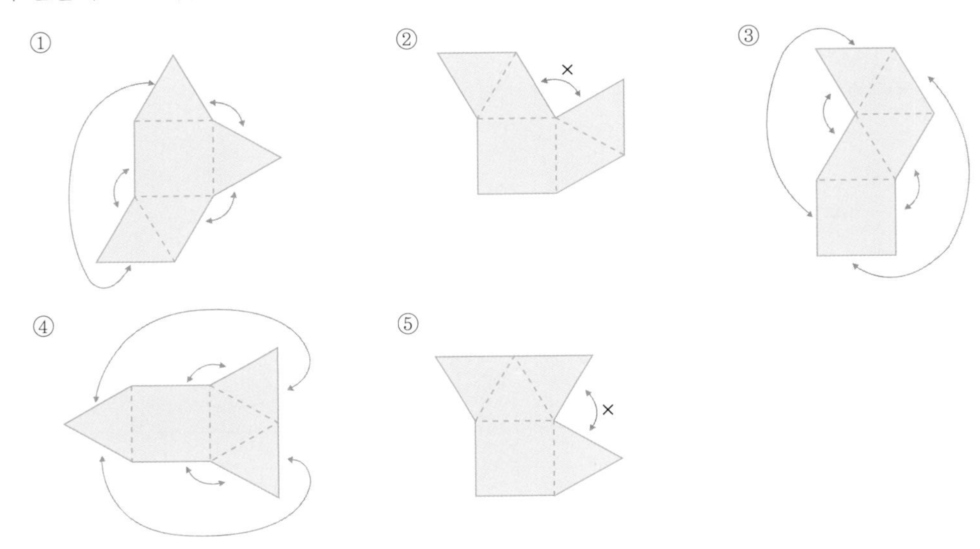

따라서 ②와 ⑤는 사각뿔을 만들 수 없습니다.

[답] ②, ⑤

.... P.77

3 [풀이] ㄱ에서 ㄴ까지 팽팽하게 잡아 당기면 전개도에서는 직선이 됩니다. 따라서 실이 지나간 자리를 전개도에서 그리면 ㄱ에서 ㄴ과 맞닿는 점까지 직선으로 이으면 됩니다.

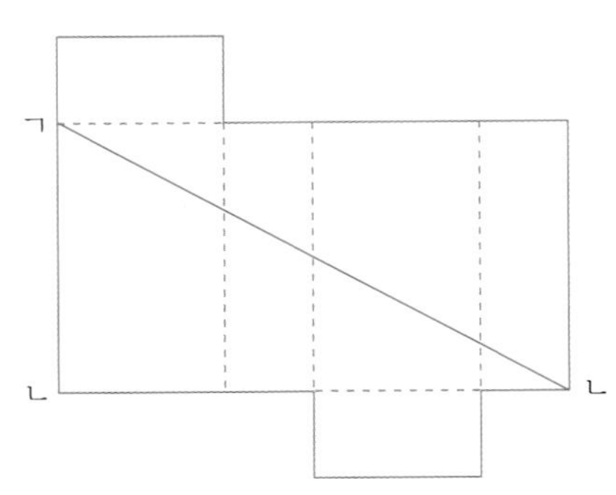

[답] 풀이 참조

[풀이]

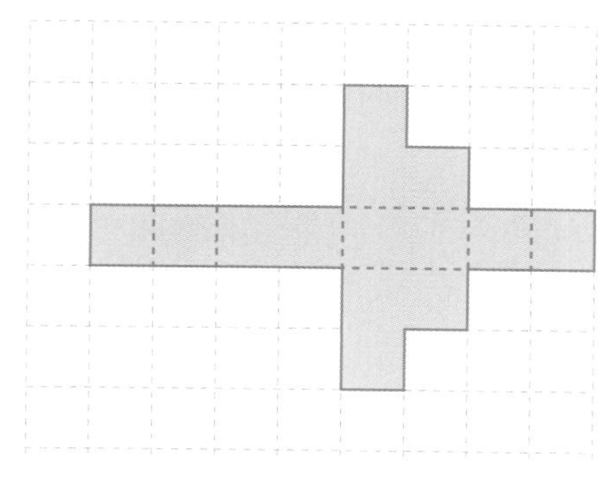

이 외에도 여러 가지 모양이 나올 수 있습니다.
[답] 풀이 참조

P.78

[풀이] 정삼각형 4개를 붙여 만든 모양은 다음 3가지가 있습니다. 3가지 중 셋째 번 그림은 접어서 정사면체를 만들 수 없습니다.

[답]

[풀이] 위에서 본 모양과 앞에서 본 모양을 입체도형에 칠하여 생각해 보면 파란색 정육면체는 그림과 같이 4개가 있습니다.

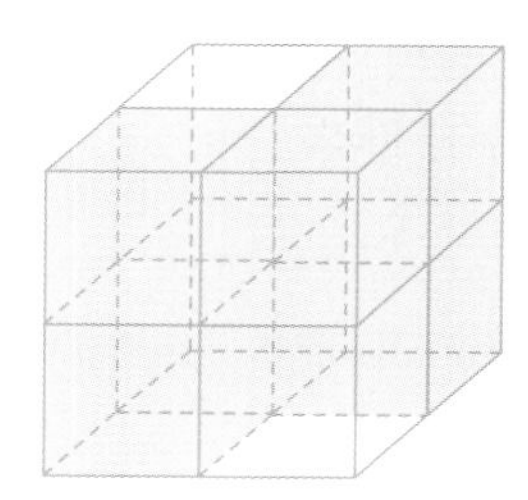

따라서 옆면에서 본 모양은 다음과 같습니다.

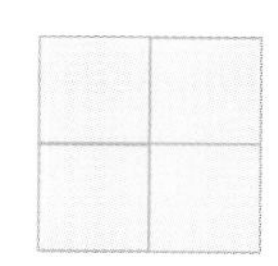

[답] 풀이 참조

P.79

 [풀이] 맞닿는 모서리끼리 연결해 보면 다음과 같습니다. 따라서 이 도형은 삼각기둥입니다.

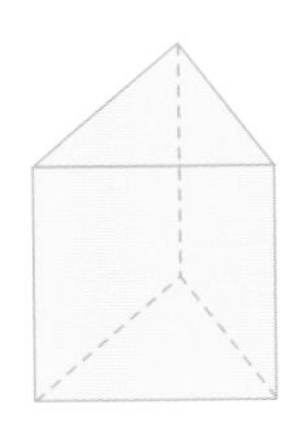

[답] 삼각기둥

 [풀이] 육각형 중 칠해지지 않은 두 변을 포함하는 면은 물이 닿지 않습니다.

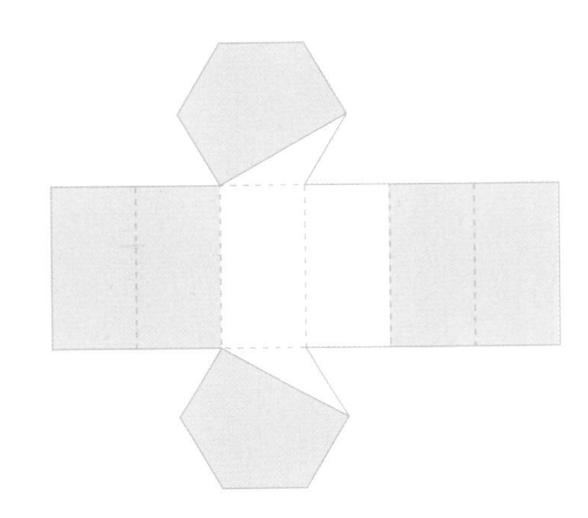

[답] 풀이 참조

Thinking 팩토

P.80

 [풀이] 주사위의 마주 보는 면의 눈의 합은 7이므로 보이지 않는 면의 눈의 수를 알 수 있습니다. 이를 이용하여 8개의 방향에서 바라 보았을 때의 눈의 합은 다음과 같습니다.

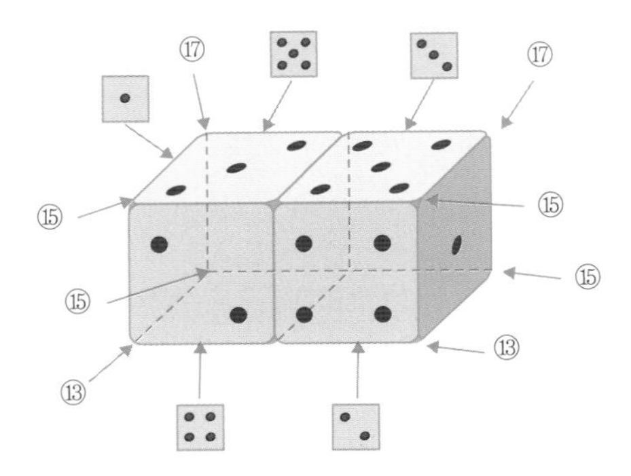

따라서 눈의 합이 가장 큰 것은 17입니다.

[답] 17

[풀이] 맞닿는 점을 연결하면 다음과 같습니다.

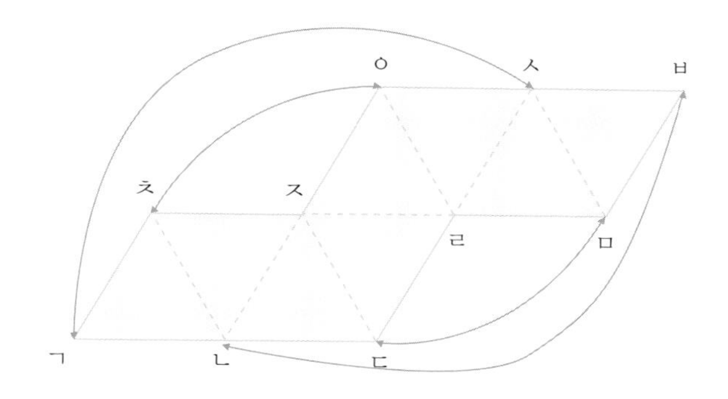

[답] ㅅ

P.81

도전 03

[풀이]

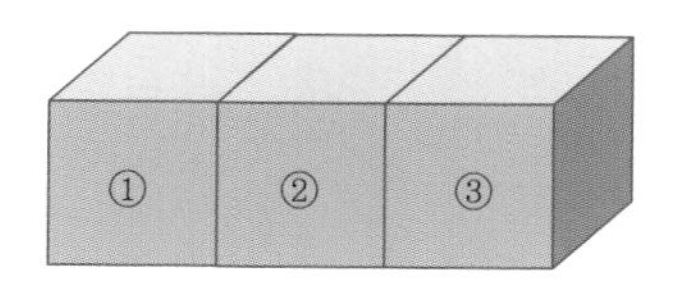

겉면에 보이는 눈의 합이 가장 작으려면 맞닿아 보이지 않는 면의 눈의 수가 가장 커야 합니다. 따라서 ①번, ③번 주사위의 가려진 면의 수가 각각 6이어야 하고, ②번 주사위의 가려진 마주 보는 두 면의 눈의 합은 7입니다. 이때, 겉면의 눈의 합은

$21\times3-(6+6+7)=44$입니다.

[답] 44

[풀이] 한 모서리가 10cm인 각 모서리의 중점을 지나므로 20cm입니다.

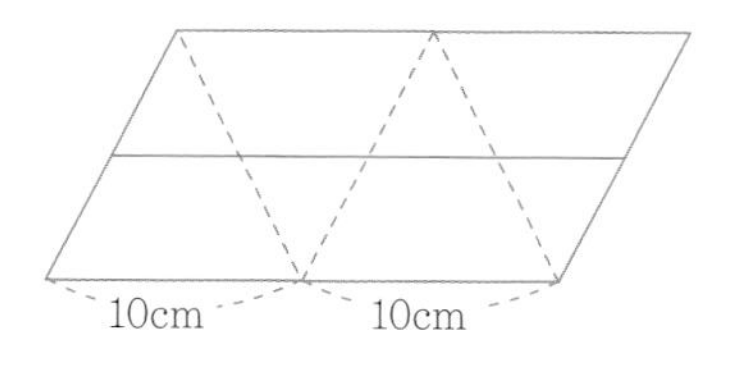

[답] 20cm

P.82

[풀이] 마주 보는 주사위의 눈의 합이 7이 되어야 하고 눈의 개수가 같은 면끼리 맞닿도록 놓았으므로 주사위를 떼어 놓으면 다음과 같습니다.

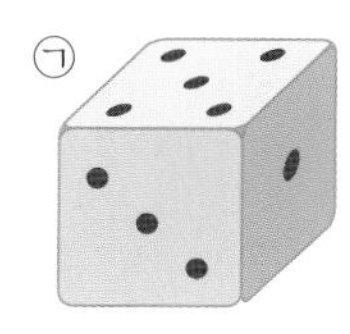

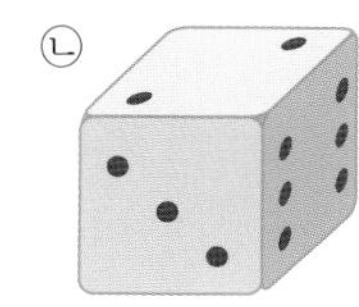

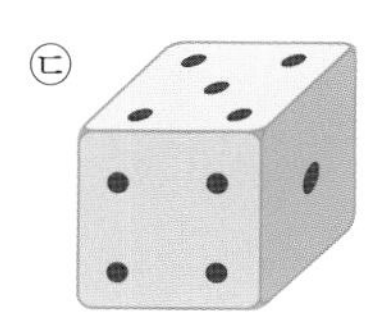

따라서 ㉠, ㉡은 우회전 주사위이고 ㉢은 좌회전 주사위입니다.

[답] ㉢

[풀이] 주사위를 오른쪽과 같이 ①, ②, ③, ④라고 하면,

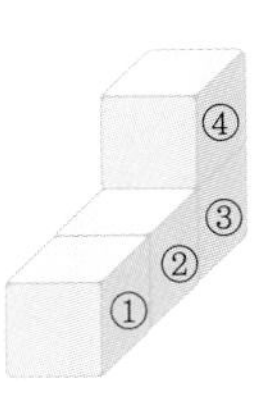

①의 뒷면은 6이고, ②의 앞면은 6, 뒷면은 1, ③의 앞면은 1입니다. ③의 오른쪽 옆면이 2이므로 윗면은 3이 됩니다. 따라서 ④의 아랫면은 3, 윗면은 4가 되어야 합니다.

[답] 4

P.83

[풀이]

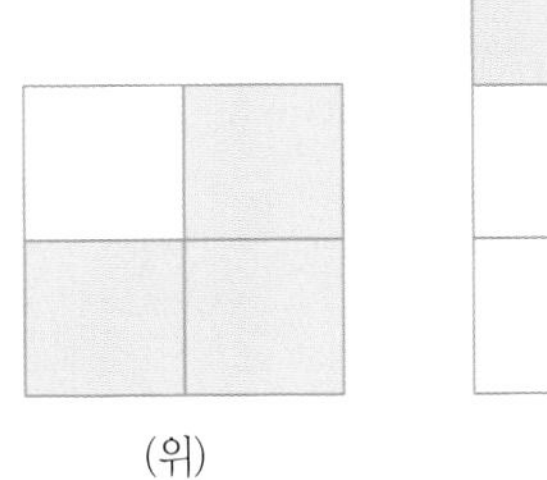

(위)

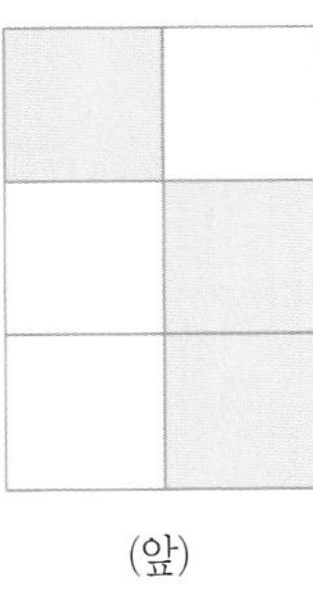

(앞)

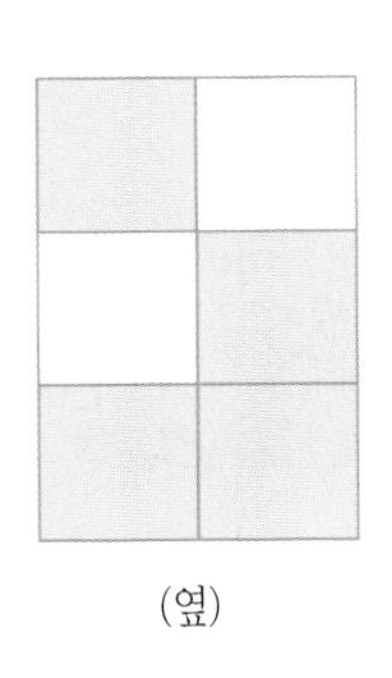

(옆)

[답] 풀이 참조

Ⅸ. 카운팅

1. 최단경로의 가짓수 2 P.86

Free FACTO

[풀이] 도착점이 오른쪽 위에 있으므로 최단거리로 가기 위해서는 오른쪽 또는 위로 가야 합니다.
또, 대각선으로 가면 거리를 단축할 수 있는데, ①, ②번 대각선은 돌아가는 방향이므로 ③번 대각선을 선택해야 합니다.

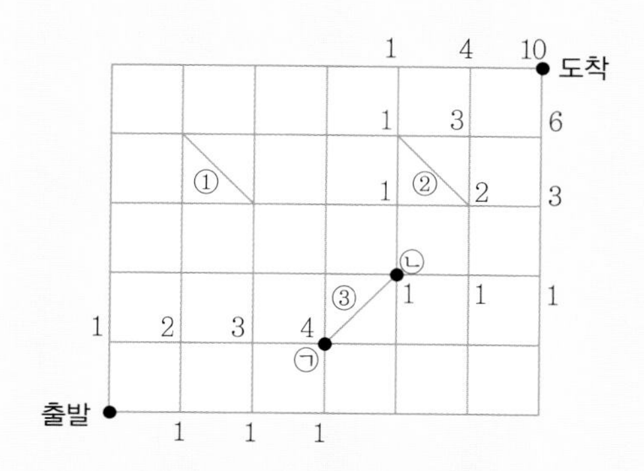

위의 그림에서 출발점부터 점 ㉠까지 가는 최단경로는 4가지이고, 점 ㉡부터 도착점까지 가는 최단경로는 10가지이므로 모두 $4\times10=40$(가지)입니다.

[답] 40가지

[풀이] 최단거리로 가기 위해서는 오른쪽 또는 아래로 가야 하고, 대각선 길을 최대한 많이 지나야 합니다. 즉, 다음 그림에서 ②번, ④번 대각선을 통과하는 길이 최단거리가 됩니다.

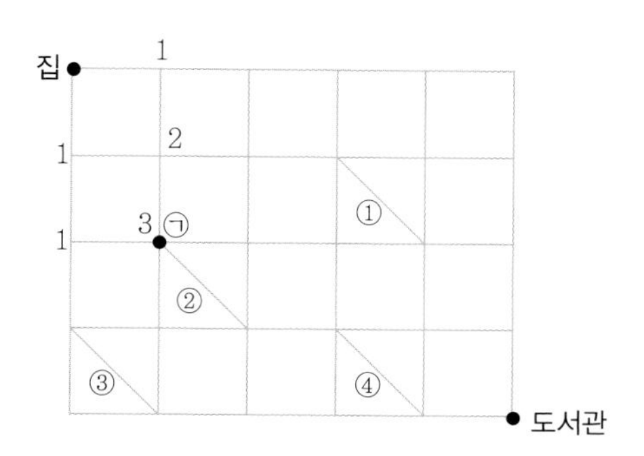

위의 그림에서 집부터 점 ㉠까지의 최단경로는 3가지이고, ㉠에서 ②번, ④번 대각선을 지나 도서관까지 가는 길은 한가지뿐이므로 집에서 도서관까지 가는 최단경로는 $3\times1=3$(가지)입니다.

[답] 3가지

해답

[풀이] 가장 빨리 가려면 오른쪽 또는 위로 가야 합니다. 가면 안 되는 길은 지우고, 각 점까지의 최단거리를 그림에 표시해 보면 오른쪽 그림과 같으므로 최단경로는 모두 10가지가 됩니다.

[답] 10가지

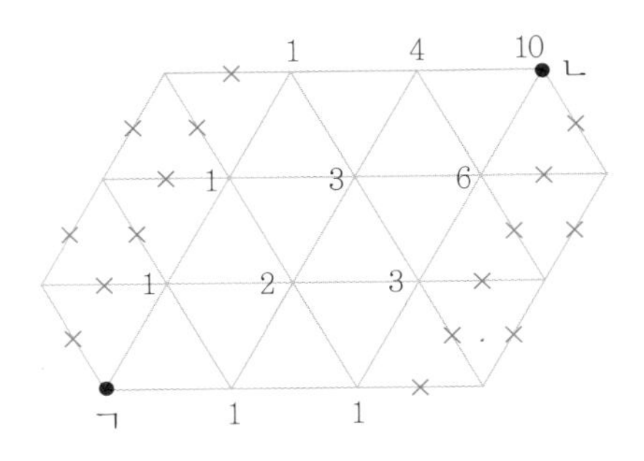

2. 길의 가짓수

P.88

Free FACTO

[풀이] 점 ㄱ에서 점 ㄴ까지 갈 때, 점 ㄱ에 0이라고 쓰고, 0이 쓰인 점에서 선분 1개를 지나서 가는 점에는 1을, 1이 쓰인 점에서 선분 1개를 지나서 가는 점에는 0을 써보면 오른쪽과 같습니다.

도착점 ㄴ이 1이므로 ㄱ에서 ㄴ까지 갈 때 홀수 개의 선분을 지나는 것을 알 수 있습니다. 최단거리로 갈 때 선분 3개를 지나게 되고, 최장거리로 갈 때는 선분 5개를 지나게 되므로 지나는 선분의 개수는 3개, 5개가 됩니다. 최단거리로 가는 경우는 위의 오른쪽 그림과 같이 풀면 모두 3가지가 나오고, 5개의 선분을 지나는 경우는 1가지입니다.

따라서 모두 3+1=4(가지)입니다.

[답] 4가지

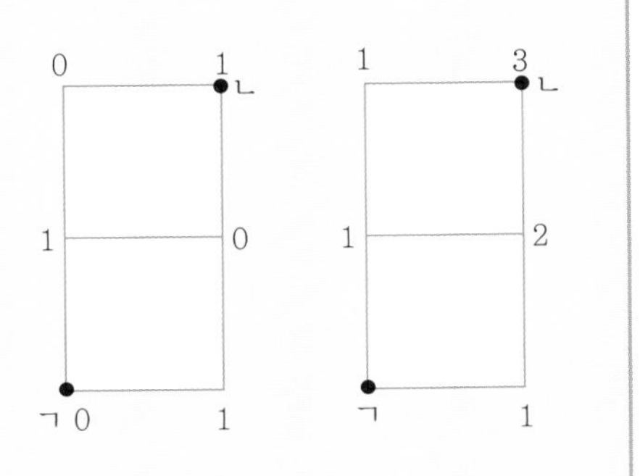

[풀이] 다음 왼쪽 그림에서 짝수 개의 선분을 지나므로 지나는 선분의 개수는 4개, 6개입니다. 4개의 선분을 지나는 경우는 최단거리로 가는 경우로 4가지가 되고, 6개의 선분을 지나는 경우를 모두 세어 보면 4가지가 됩니다.

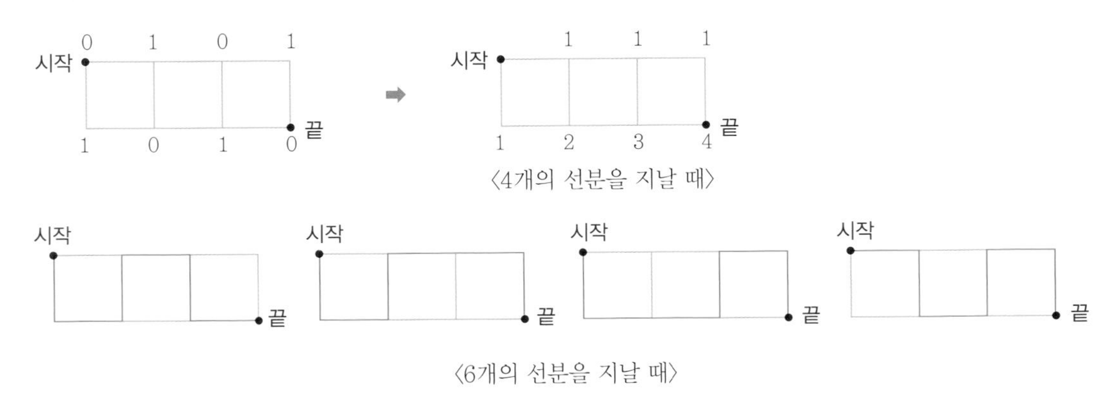

〈4개의 선분을 지날 때〉

〈6개의 선분을 지날 때〉

따라서 모두 4+4=8(가지)입니다.

[답] 8가지

[풀이] A 점에서 B 점으로 가기 위해서는 홀수 개의 모서리를 지나서 가게 됩니다. 또한, 한 번 지난 점은 다시 지날 수 없으므로 지나는 모서리의 개수는 정육면체의 꼭짓점의 수(8개)보다 많아질 수 없습니다. 따라서 A 점에서 B 점으로 갈 때 지나는 모서리의 개수는 1개, 3개, 5개, 7개가 가능합니다.

[답] 1개, 3개, 5개, 7개

3. 프로베니우스의 동전 P.90

Free FACTO

[풀이] 다음과 같이 1부터 차례대로 한 줄에 5개씩 수를 써 놓고, 얻을 수 있는 점수에 ◯로 표시합니다.

1	2	3	4	⑤
6	7	⑧	9	⑩
11	12	⑬	14	⑮
⑯	17	⑱	19	⑳
㉑	22	㉓	㉔	㉕
㉖	27	㉘	㉙	㉚
㉛	㉜	㉝	㉞	㉟
㊱	㊲	㊳	㊴	㊵
		⋮		

◯로 표시된 점수의 아래 있는 수들은 ◯로 표시된 수에 5점씩을 더하여 얻을 수 있는 점수입니다. 따라서 얻을 수 없는 점수 중에서 가장 큰 점수는 27점입니다.

[답] 27점

[풀이] 표를 만들어 알아보면 다음과 같습니다.

90원	0	0	0	1	1	1	1	2	2	2	2
60원	1	2	3	0	1	2	3	0	1	2	3
총액 (원)	60	120	180	90	150	210	270	180	240	300	360

180원이 2번 나오게 되므로 지불할 수 있는 우편 요금은 모두 10가지입니다.

[답] 10가지

[풀이]

1	2	3	④
5	6	⑦	⑧
9	10	⑪	⑫
13	⑭	⑮	⑯
17	⑱	⑲	⑳
㉑	㉒	㉓	㉔
	⋮		

1부터 차례대로 한 줄에 4개씩 수를 쓴 다음, 4와 7의 합으로 나타낼 수 있는 수에 ◯로 표시합니다.
따라서 나타낼 수 없는 수 중 가장 큰 수는 17입니다.

[답] 17

Creative 팩토 ···· P.92

[풀이] 가장 빨리 가려면 오른쪽 또는 위로만 가야 합니다. 그러므로 왼쪽 또는 아래로 가는 길은 가지 않아야 하므로 없는 길로 생각하여 지우고 각 점까지 가는 길의 가짓수를 적어 보면 다음과 같습니다.

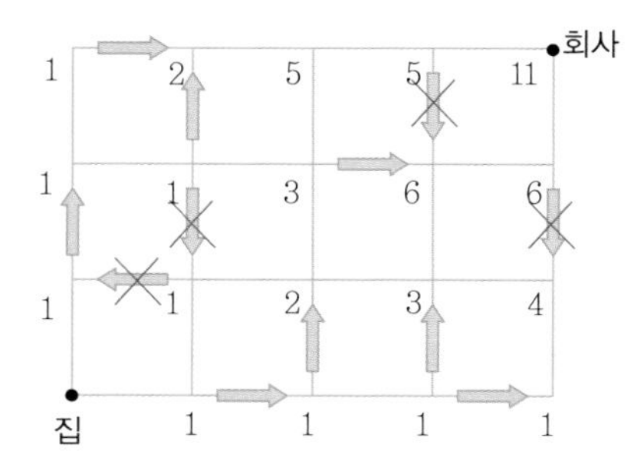

따라서 11가지입니다.

[답] 11가지

[풀이] 꿀벌이 A 칸에서 B 칸으로 가장 빨리 갈 수 있는 길을 그려서 최단경로의 가짓수를 알아보면 다음과 같습니다.

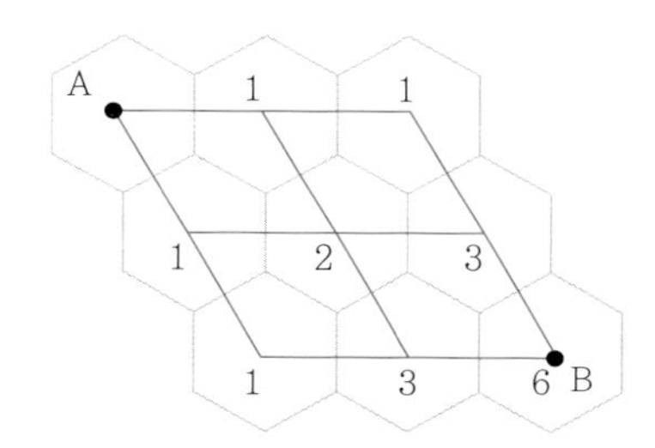

따라서 최단경로는 6가지입니다.

[답] 6가지

···· P.93

[풀이] 최단거리로 가는 데 필요 없는 부분을 지우고, 최단경로를 알아보면 다음과 같습니다.

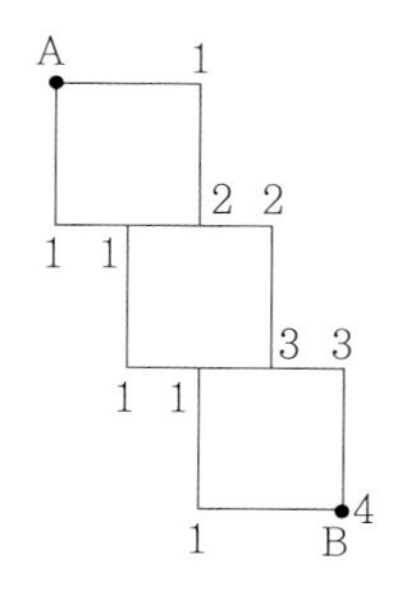

따라서 A 점에서 B 점으로 가는 가장 빠른 길은 모두 4가지입니다.

[답] 4가지

[풀이] 가능한 경로를 모두 그려 보면 다음과 같습니다.

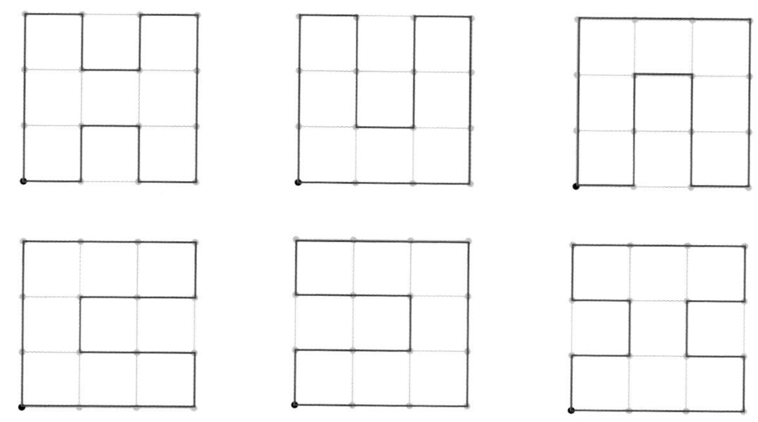

[답] 풀이 참조

P.94

[풀이] 과녁에 화살을 5번 쏘아서 얻을 수 있는 최소 점수는 15점이고 최대 점수는 45점이므로 11점과 51점은 나올 수 없습니다.
또, 과녁판의 점수는 모두 홀수이기 때문에 홀수 번 더했을 때 짝수의 점수가 나올 수 없습니다.
따라서 16점과 40점도 불가능합니다. 따라서 가능한 점수는 33점뿐입니다.
[답] ③

[풀이] 표를 만들어 알아보면 다음과 같습니다.

500원	3	2	2	1	1	1	0	0	0	0
100원	0	1	0	2	1	0	3	2	1	0
50원	0	0	1	0	1	2	0	1	2	3
금액 (원)	1500	1100	1050	700	650	600	300	250	200	150

따라서 지불할 수 있는 금액은 모두 10가지입니다.
[답] 10가지

P.95

[풀이] (1) 가로로 움직일 때는 3칸, 세로로 움직일 때는 2칸씩 움직이므로 실제로 갈 수 있는 칸을 색칠해 보면 다음과 같습니다.

(2) ㄱ에서 ㄴ으로 가기 위해서는 짝수 개의 선분을 지나야 하므로 선분 4개, 6개, 8개를 지나는 길이 가능합니다.

선분 4개 → 6가지(최단거리)

선분 6개 → 4가지

선분 8개 → 4가지

따라서 모두 6+4+4=14(가지)입니다.

[답] 14가지

4. 줄 세우기 P.96

Free FACTO

[풀이] 맨 앞에 **가**를 세우는 방법은 오른쪽과 같이 6가지입니다.
맨 앞에 **나**, **다**, **라**를 세우는 방법도 각각 6가지입니다.
따라서 네 명을 세우는 방법은 $6\times4=24$(가지)입니다.
[답] 24가지

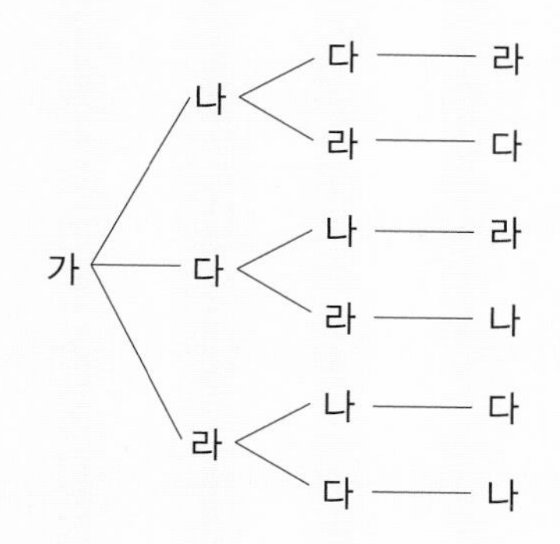

[별해] 첫째 번에 **가**, **나**, **다**, **라** 네 명이 설 수 있고, 첫째가 정해지면 둘째 번에는 나머지 세 명이 서는 경우가 가능하며, 첫째, 둘째가 정해진 상태에서 셋째 번에 설 수 있는 사람은 두 명입니다. 마지막에는 남은 한 명이 설 수 있으므로 모두

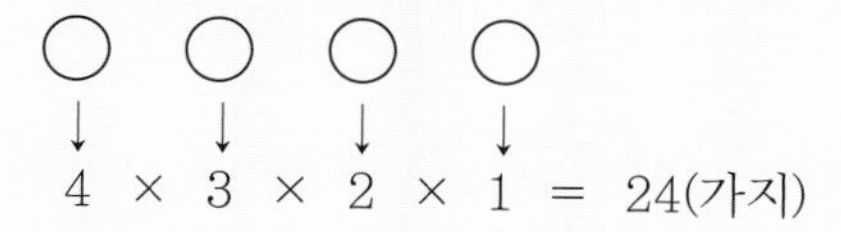

$4\times3\times2\times1=24$(가지)

[풀이] 처음에 들를 수 있는 곳은 4가지이고, 그 다음에 들를 수 있는 곳은 3가지, 그 다음은 2가지, 마지막은 1가지입니다. 즉, $4\times3\times2\times1=24$(가지)입니다.
[답] 24가지

[풀이] 백의 자리가 될 수 있는 숫자는 1~9의 9개이고, 십의 자리가 될 수 있는 숫자는 0부터 9까지의 숫자 중에서 백의 자리 숫자를 제외한 9개이며, 일의 자리가 될 수 있는 숫자는 0 부터 9까지의 숫자 중에서 십의 자리와 백의 자리 숫자를 제외한 8개이므로 $9\times9\times8=648$(개)입니다.
[답] 648개

5. 대표 뽑기 P.98

Free **FACTO**

[풀이] A와 B, A와 C, A와 D, A와 E, A와 F를 심판으로 뽑는 경우를 그림과 같이 나타낼 수 있습니다.

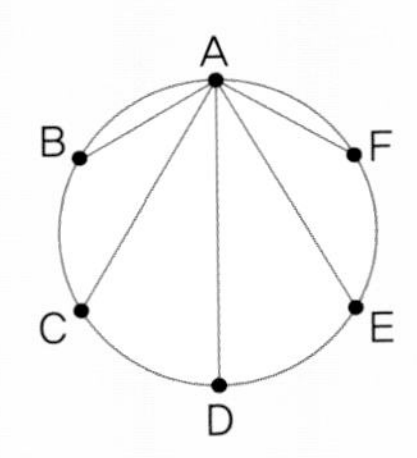

이와 같은 방법으로 두 명을 뽑는 방법을 선으로 이어 나타낸 후 선분의 개수를 셉니다.

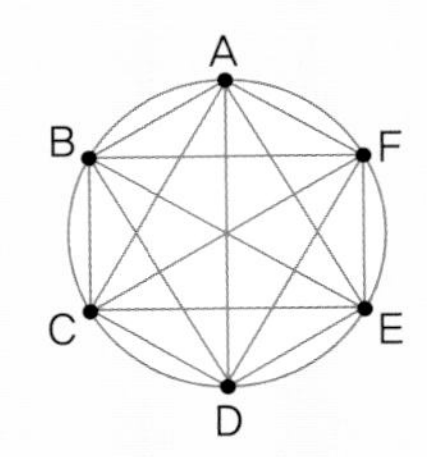

A와 이을 수 있는 선분의 개수 : 5개
B와 이을 수 있는 선분의 개수 : 5개
C와 이을 수 있는 선분의 개수 : 5개
D와 이을 수 있는 선분의 개수 : 5개
E와 이을 수 있는 선분의 개수 : 5개
F와 이을 수 있는 선분의 개수 : 5개
이 중 (A와 B, B와 A를 이은 선분), (A와 C, C와 A를 이은 선분) 등은 서로 같은 경우이므로 전체를 반으로 나누면, $(5+5+5+5+5+5)\div2=15$(가지)입니다.
[답] 15가지

[풀이] 과자의 종류를 ①, ②, ③, ④, ⑤, ⑥, ⑦이라고 할 때, 과자 ①을 살 때 나머지 한 과자가 선택되는 경우는 6가지이고, 과자는 7종류이므로 $6\times7=42$(가지)입니다. 그러나 ①, ②가 선택되는 경우와 ②, ①이 선택되는 경우는 같은 경우이므로 2로 나누어 주어야 하므로
$42\div2=21$(가지)입니다.
[답] 21가지

[풀이] 교실 청소를 하는 학생 2명이 정해지면, 나머지 2명이 복도 청소를 하면 됩니다. 즉, 4명 중에서 교실 청소를 할 2명을 고르는 문제와 같습니다.
따라서 조를 나누는 방법은 $3\times4\div2=6$(가지)입니다.
[답] 6가지

6. 최악의 경우 P.100

Free FACTO

[풀이] 가장 운이 좋은 경우는 모든 열쇠를 한 번에 맞추는 경우로, 이 경우에는 4번 만에 모든 금고의 문을 열 수 있습니다.
가장 운이 나쁜 경우는 첫째 번 금고를 열 때 다른 금고를 모두 열어 본 뒤 4번 만에 성공하는 경우로 둘째 번 금고도 남은 3개의 금고 중 3번 만에 성공하고, 셋째 번 금고도 2번 만에 성공하고, 마지막 남은 하나를 맞추는 경우입니다. 즉, 이 경우에는 $4+3+2+1=10$(번) 만에 금고의 문을 모두 열 수 있습니다.
[답] 가장 적게 : 4번, 가장 많게 : 10번

[풀이] 가장 운이 나쁜 경우까지 생각해야 합니다. 가장 운이 나쁜 경우에 첫째 방을 열려면 7번, 둘째 방을 열려면 6번, 셋째 방을 열려면 5번, 넷째 방을 열려면 4번, 다섯째 방을 열려면 3번, 여섯째 방을 열려면 2번, 일곱째 방을 열려면 1번을 열어 보아야 합니다.
따라서 $7+6+5+4+3+2+1=28$(번)입니다.
[답] 28번

[풀이] 가장 운이 나쁜 경우까지 생각해야 합니다. 가장 운이 나쁜 경우는 빨강, 파랑, 검정 구슬이 각각 2개씩 나오는 경우입니다. 모두 6개를 꺼낸 상태에서 한 개의 구슬만 더 꺼내게 되면 반드시 같은 색 구슬이 3개가 있게 됩니다.
따라서 한 번에 적어도 7개의 구슬을 꺼내면 됩니다.
[답] 7개

Creative 팩토 P.102

[풀이] 회장을 먼저 뽑고 그 다음에 부회장을 뽑는다고 생각하면, 회장이 될 수 있는 사람은 5명, 부회장이 될 수 있는 사람은 4명입니다. 따라서 $5\times4=20$(가지)입니다.
[답] 20가지

[풀이] 가장 앞에 서는 여자, 가장 뒤에 서는 남자를 정하는 방법은 $2\times2=4$(가지)입니다.
앞, 뒤에 서는 사람이 정해진 상태에서 가운데 두 사람이 서는 방법은 각각 2가지씩 생기므로 모두 $4\times2=8$(가지)입니다.
[답] 8가지

P.103

[풀이] 첫째 번 칸에 칠할 수 있는 색은 3가지, 둘째 번 칸에 칠할 수 있는 색은 2가지, 셋째 번 칸에 칠할 수 있는 색은 1가지이므로 $3\times2\times1=6$(가지)입니다.
그런데 원 모양에서 빨－파－노, 파－노－빨, 노－빨－파는 돌려서 겹쳐지므로 같은 모양입니다.
따라서 $6\div3=2$(가지)입니다.
[답] 2가지

[풀이] 뽑지 않을 사람을 결정하면 뽑을 사람은 바로 결정되므로 10명 중 8명을 뽑는 방법은 10명 중 2명을 뽑는 방법과 같습니다.
따라서 10명 중 2명을 뽑는 방법은 $9\times10\div2=45$(가지)입니다.
[답] 45가지

P.104

[풀이] 금고를 여는 것이 아니라 각각의 열쇠가 어느 금고의 열쇠인지 알아내기만 하면 되므로 첫째 번 금고의 열쇠를 알아내기 위하여 최악의 경우라도 5번만 열어 보면 됩니다.
최악의 경우 둘째 번 금고는 4번, 셋째 번 금고는 3번, 넷째 번 금고는 2번, 다섯째 번 금고는 1번만에 알아낼 수 있고, 여섯째 번 금고의 열쇠는 남은 열쇠이므로 열어 보지 않고도 알 수 있습니다.
따라서 $5+4+3+2+1=15$(번)입니다.
[답] 15번

[풀이] 최악의 경우는 흰 구슬이 20개, 검은 구슬 15개, 파란 구슬이 10개 나오는 경우입니다. 이 상태에서 한 개만 더 뽑으면 빨간 구슬이 나오게 되므로 총 46개를 꺼내면 항상 4가지 색깔이 모두 나오게 됩니다.
[답] 46개

P.105

[풀이] (1) 40표를 세 명이 골고루 나누어 받고 반장이 되는 경우는 14표, 13표, 13표로 나누어 받은 경우입니다. 즉, 가장 적은 표로 반장이 될 수 있는 경우 14표로 반장이 될 수 있습니다.
(2) 가장 운이 좋은 경우는 (1)과 같은 경우입니다. 따라서, 현재까지 소희가 10표를 얻었으므로 앞으로 4표만 더 얻으면 됩니다.
(3) 가장 운이 나쁜 경우는 가장 강력한 경쟁자에게 표가 몰리는 것입니다. 즉, 가장 표가 적은 민수의 표는 더이상 나오지 않고 나머지 $40-5=35$(개)의 표 중 소희가 18표, 동진이가 17표를 받아 소희가 반장이 되는 경우로 이 경우 소희는 8표를 더 얻어야 합니다.
[답] (1) 14표, 13표, 13표　(2) 4표　(3) 8표

Thinking 팩토

P.106

[풀이] 최단경로로 가려면 (↓) 방향으로 가는 것이 좋으나 방향을 바꾸면서 가야 한다는 조건이 있으므로 (↙) 또는 (↘) 방향을 중간에 섞어야 합니다. (↓) 방향 3번 사이에 (↙) 또는 (↘) 방향 2번을 섞어서 가는 것이 가장 빠르므로 선분 5개를 지나는 것이 최단경로입니다.
[답] 풀이 참조

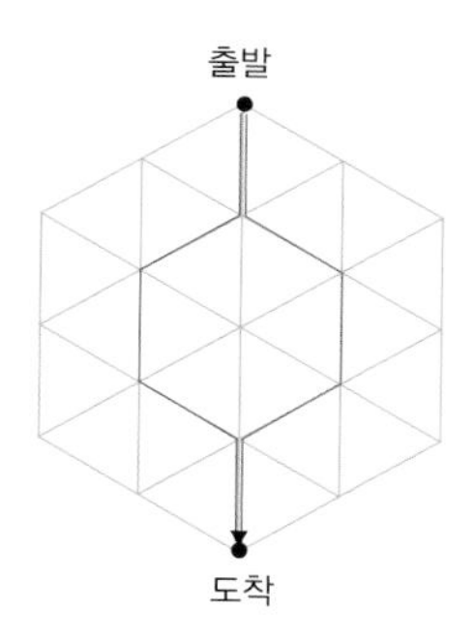

[풀이] 정팔각형의 한 꼭짓점에서 그을 수 있는 대각선은 5개씩이고, 꼭짓점은 8개이므로 $5\times8=40$(개)입니다. 이 경우 각 대각선은 두 번씩 중복되므로 2로 나누면 $40\div2=20$(개)입니다.
[답] 20개

P.107

[풀이] A, B를 하나로 생각하면 AB, C, D, E를 한 줄로 세우는 방법은 $4\times3\times2\times1=24$(가지)입니다. 여기서 AB와 BA는 다른 경우이므로 $24\times2=48$(가지) 방법이 있습니다.
[답] 48가지

[풀이] 얻을 수 있는 최소 점수는 8점, 최대 점수는 40점입니다. 또, 과녁의 점수는 모두 짝수이므로 짝수 점수만 가능합니다.
즉, 8부터 40까지의 짝수가 모두 가능하므로 17가지가 됩니다.
[답] 17가지

P.108

[풀이] 일 주일 중 두 요일을 정하는 방법은 $6\times7\div2=21$(가지)입니다. 이 중 연속으로 날을 정하는 방법은 (월화), (화수), (수목), (목금), (금토), (토일), (일월)의 7가지이므로 $21-7=14$(가지)입니다.
[답] 14가지
[별해] 각 요일을 정칠각형의 꼭짓점으로 생각하면 이웃한 두 꼭짓점까지 잇는 선은 대각선이 아니므로 정칠각형의 대각선의 개수를 구하는 문제와 같습니다. 즉, $7\times4\div2=14$(가지)입니다.

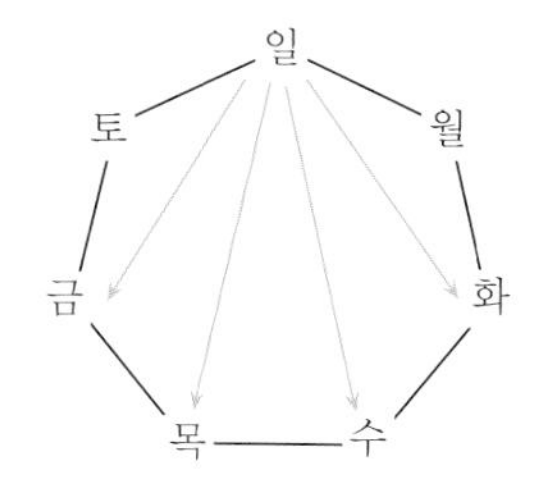

[풀이] 2명이 당첨되므로 2등 안에만 들면 됩니다. 2등 안에 들기 위해서는 전체의 $\frac{1}{3}$표 이상 받으면 됩니다. $302\div3=100\cdots2$이므로 적어도 101표를 받으면 당선이 됩니다.
[답] 101표

[풀이] (1) 대각선 길을 제외한 최단거리 : 5가지

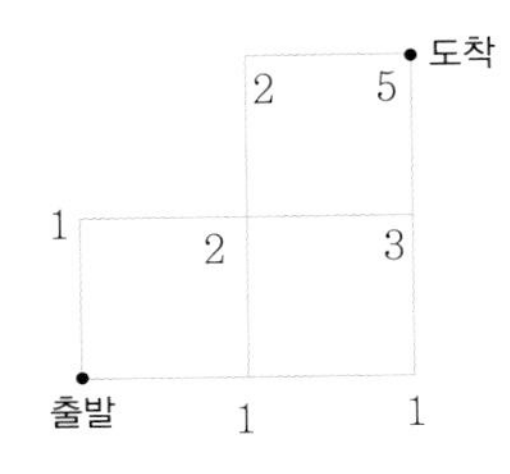

(2) ① 선분 6개를 지나는 경우

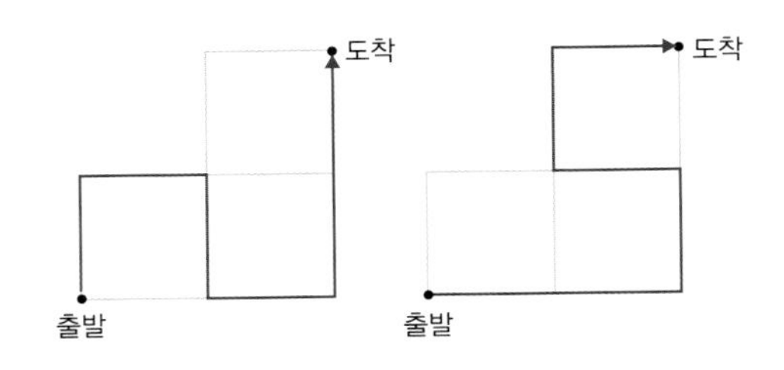

② 선분 8개를 지나는 경우

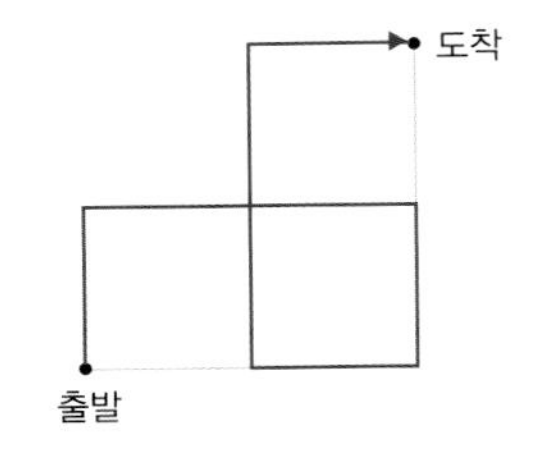

(3) 대각선 길을 이용하는 경우 : 4가지

점 ㄱ과 ㄴ을 반드시 지나야 합니다. 그러므로 ㄱ→ㄴ으로 갈 수 있는 길을 다시 그려 보면 다음의 오른쪽 그림과 같습니다.

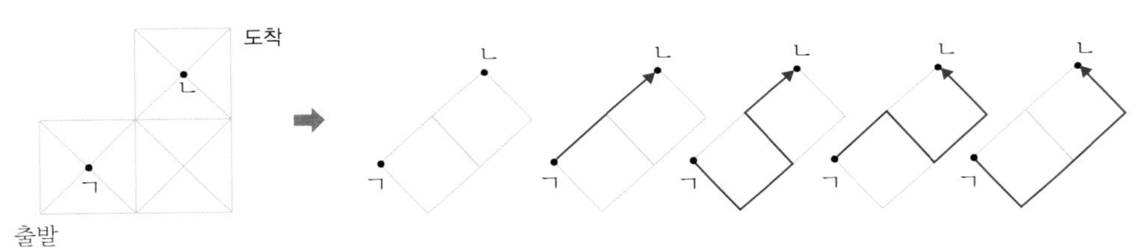

(4) 출발점에서 도착점까지 가는 방법은 5+2+1+4=12(가지)입니다.

[답] (1) 5가지 (2) 풀이 참조 (3) 4가지 (4) 12가지

X. 문제해결력

1. 나이 계산 P.112

Free FACTO

[풀이] 어머니의 나이가 동환이의 나이의 2배가 되는 해의 동환이의 나이를 □,
어머니의 나이를 $2\times□$라 할 때, 동환이와 어머니의 나이 차는 $36-11=25$(살)이고, 두 사람의 나이 차는 해가 지나도 변하지 않으므로 $2\times□-□=25$, $□=25$입니다.
따라서 동환이의 나이가 25살이 되는 해이므로 어머니의 나이가 동환이의 2배가 되는 때는
$25-11=14$ 즉, 14년 후입니다.
[답] 14년 후

[풀이] 현재 형은 동생보다 $16-9=7$(살)이 더 많습니다. 나이 차는 해가 지나도 변하지 않으므로 24년 후에도 형은 동생보다 7살 더 많습니다.
[답] 7살

[풀이] 1년이 지날 때마다 두 사람의 나이의 합이 2살씩 늘어나므로 15년 후에 두 사람의 나이의 합은 $2\times15=30$(살)이 늘어나서 $20+30=50$(살)이 됩니다.
[답] 50살

2. 달력 문제 P.114

Free FACTO

[풀이] 5월이 31일까지 있으므로 5월 5일 $\xrightarrow{\text{31일 후}}$ 6월 5일이고,
50일=31일+19일이므로 6월 5일 $\xrightarrow{\text{19일 후}}$ 6월 24일입니다.
즉, 5월 5일 $\xrightarrow{\text{50일 후}}$ 6월 24일입니다.
또, 7일마다 같은 요일이 반복되므로 5월 5일 월요일의 50일 후는 $7\times7+①$ 즉, 1개 요일 후인 화요일입니다.
따라서 오늘부터 50일 후는 6월 24일 화요일입니다.
[답] 6월 24일 화요일

[풀이] 7일마다 같은 요일이므로 이번 달의 첫째 목요일은 $30-7\times4=2$(일)입니다.
즉, 이번 달의 1일이 수요일이므로 첫째 월요일은 6일입니다.
[답] 6일

일	㉮월	화	수	목	금	토
	↓		1	②	3	4
5	6	7		9		
				16		
				23		
				㉚		

[풀이] 2008년은 4로 나누어떨어지는 해이므로 1년이 366일인 윤년입니다.
따라서 2008년 12월 25일은 366일 후가 되어 366÷7=52…2이므로 2007년 12월 25일 화요일로부터 2개 요일 후인 목요일입니다.
2008년 12월 25일 목요일로부터 1년 후인 2009년 12월 25일은 365일 후이므로
365÷7=52…1에서 1개 요일 후인 금요일이 됩니다.
[답] 금요일

3. 최적 계획 P.116

Free FACTO

[풀이] 처음 50km는 ㉮ 바퀴와 ㉯ 바퀴로 가고, 다음 50km는 ㉮ 바퀴와 ㉰ 바퀴로 갑니다. 남은 50km는 ㉯ 바퀴와 ㉰ 바퀴로 가면 됩니다. ㉯바퀴를 두 번에 나누어서 타고 가는 것에 유의합니다.

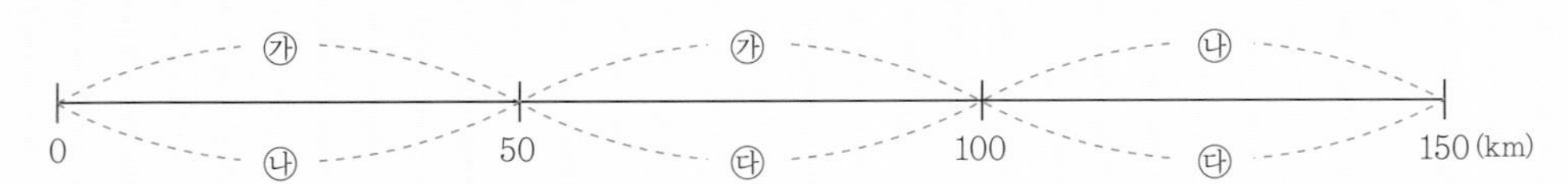

[답] 풀이 참조

[풀이] 생선 5마리를 a, b, c, d, e라 하면 다음과 같이 구우면 됩니다.

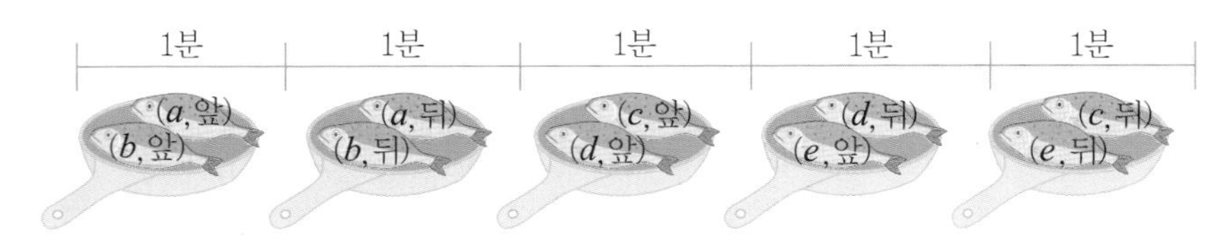

따라서 5마리의 생선을 굽는 데 적어도 5분이 필요합니다.
[답] 5분

Creative 팩토 P.118

[풀이] 수요일의 날짜의 합은 첫째 번 수요일이
1일인 경우 : 1+8+15+22+29=75
2일인 경우 : 2+9+16+23+30=80
3일인 경우 : 3+10+17+24=54
4일인 경우 : 4+11+18+25=58
5일인 경우 : 5+12+19+26=62
6일인 경우 : 6+13+20+27=66
7일인 경우 : 7+14+21+28=70
이 되므로 첫째 번 수요일이 6일입니다. 따라서 6월 1일은 금요일입니다.
[답] 금요일

[풀이] 형의 나이가 정훈이의 3배였던 해의 정훈이의 나이를 □, 형의 나이를 3×□라 할 때, 두 사람의 나이 차는 18−14=4(살)이고, 이는 해가 바뀌어도 변하지 않으므로
3×□−□=4, □=2입니다.
즉, 정훈이의 나이가 2살이었던 해이므로 형의 나이가 정훈이의 3배였던 때는 14−2=12(년) 전입니다.
[답] 12년 전

P.119

[풀이] 지금 아버지와 어머니의 나이의 합은 36+34=70(살), 세 딸의 나이의 합은
12+10+8=30(살)입니다.
□년 후, 아버지와 어머니의 나이의 합은 매해 2살씩 늘어나서 70+2×□가 되고, 세 딸의 나이의 합은 매해 3살씩 늘어나서 30+3×□가 됩니다.
이 둘의 나이의 합이 같아지므로 70+2×□=30+3×□, □=40
따라서 아버지와 어머니의 나이의 합이 세 딸의 나이의 합과 같아지는 것은 40년 후입니다.
[답] 40년 후

[풀이]
10월은 31일까지, 9월은 30일까지, 8월은 31일까지 있으므로
11월 28일 —31일 전→ 10월 28일 —30일 전→ 9월 28일 —31일 전→ 8월 28일입니다.
즉, 11월 28일 —92일 전→ 8월 28일이므로 8월 28일의 8일 전인 8월 20일이 수능 100일 전입니다.
[답] 8월 20일

P.120

[풀이] (1) E 마을에서 ④까지의 거리를 A라 하면 ③까지의 거리는 A+1입니다. 따라서 그 차는 1입니다.
(2) 학교를 ①, ②, ③, ④ 중 어디에 짓든지 각 마을의 아이들이 큰 길까지 나오는 것은 변함이 없으므로 이는 고려하지 않습니다.
(3) 각 학교 사이의 거리를 1이라 하고, 각 마을에서 학교까지의 거리를 구해 보면 다음과 같습니다.

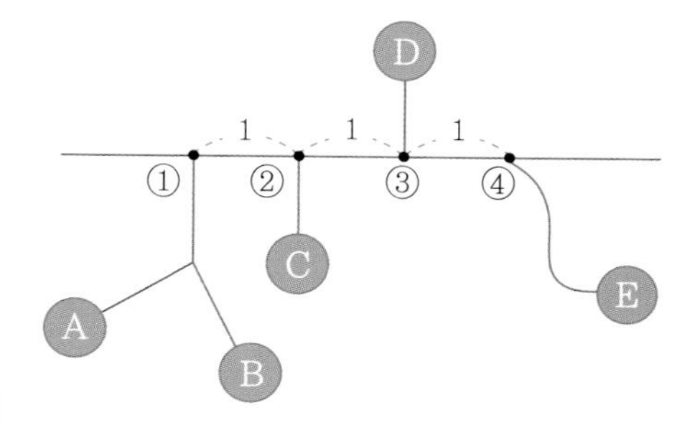

학교 위치 \ 마을	A	B	C	D	E	총 거리
①	0 +	0 +	1 +	2 +	3	6
②	1 +	1 +	0 +	1 +	2	5
③	2 +	2 +	1 +	0 +	1	6
④	3 +	3 +	2 +	1 +	0	9

②가 총 거리가 가장 짧으므로 학교를 ②에 짓는 것이 아이들이 걷는 거리가 가장 짧습니다.
[답] (1) 1 (2) 풀이 참조 (3) 풀이 참조, ②

P.121

[풀이] 모든 텐트에 같은 수의 학생이 들어가도록 하면 한 텐트에는 $(5+7+4+3+1)\div5=4$(명)이 들어가야 합니다.

이동해야 하는 학생들을 각각 a, b, c, d로 나타내면 다음과 같습니다.

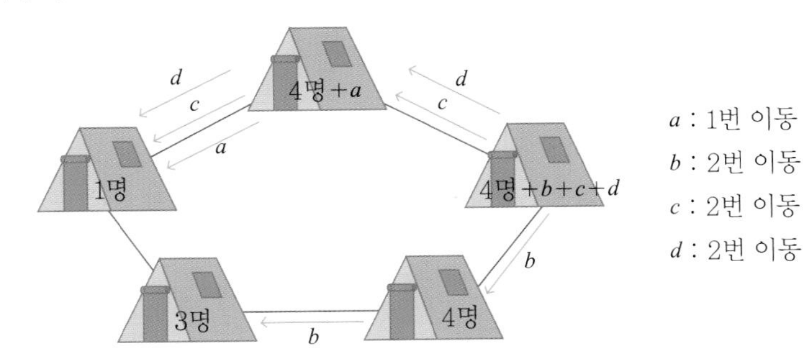

따라서 적어도 $1+2+2+2=7$(번) 이동시켜야 합니다.

[답] 7번

4. 잴 수 있는 길이와 무게

P.122

Free FACTO

[풀이] ① 길이의 합으로 잴 수 있는 길이 : $2+3=5$(cm), $2+5=7$(cm), $3+5=8$(cm), $2+3+5=10$(cm)

② 길이의 차로 잴 수 있는 길이 : $3-2=1$(cm), $5-2=3$(cm), $5-3=2$(cm)

③ 길이의 합과 차로 잴 수 있는 길이 : $3+5-2=6$(cm), $2+5-3=4$(cm)

세 개의 자로 각각 잴 수 있는 2cm, 3cm, 5cm와 ①, ②, ③의 길이 중 겹치는 것을 제외하면, 잴 수 있는 길이는 1cm, 2cm, 3cm, 4cm, 5cm, 6cm, 7cm, 8cm, 10cm로 9가지입니다.

[답] 9가지

[풀이] 1cm, 2cm, $1+2=3$(cm), $2+2=4$(cm), $1+2+2=5$(cm)로 5가지의 길이를 잴 수 있습니다.

[답] 5가지

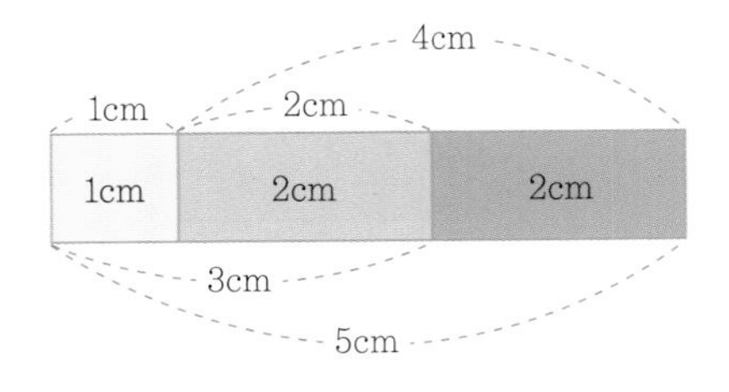

[풀이] ① 추를 1개 사용할 때 : 2g, 5g, 7g

② 추를 2개 사용할 때 : $2+5=7$(g), $2+7=9$(g), $5+7=12$(g)

③ 추를 3개 사용할 때 : $2+5+7=14$(g)

이 중 겹치는 것을 제외하면 잴 수 있는 무게는 2g, 5g, 7g, 9g, 12g, 14g으로 6가지입니다.

[답] 6가지

5. 수열의 활용

P.124

Free FACTO

[풀이] 사진을 붙이는 데 필요한 압정의 개수를 다음과 같이 나타낼 수 있습니다.

1장 : 4(개)

2장 : $4+2=6$(개)

3장 : $4+2+2=8$(개)

4장 : $4+2+2+2=10$(개)

⋮

따라서 20장의 사진을 붙이는 데 필요한 압정의 개수는

$4+\underbrace{2+2+2+\cdots+2}_{19개}=4+2\times19=42$(개)입니다.

[답] 42개

[풀이] B 주차장은 10분에 500원씩 추가 요금이 붙으므로 추가 요금이 34번 붙으면 주차 요금은 $3000+500\times34=20000$(원)이 되어 A 주차장의 요금과 같아집니다.

추가 요금이 34번 붙으려면 $10\times34=340$(분)이 지나야 하고, A 주차장보다 B 주차장에 주차하는 쪽이 좋은 것은 주차 시간이 340분보다 적은 경우입니다.

[답] 340분

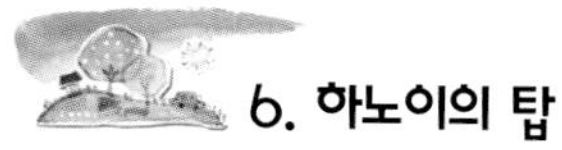

6. 하노이의 탑

P.126

Free FACTO

[풀이]

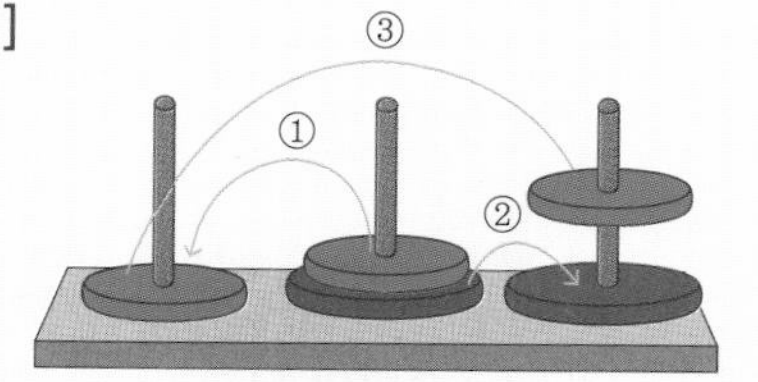

(i) 원판이 2개일 경우 : 3번 만에 옮길 수 있습니다.

(ii) 원판이 3개일 경우 : 맨 위의 2개를 왼쪽 기둥에 옮긴 다음(3번), 남은 1개를 오른쪽 기둥에 옮기고 (1번), 왼쪽 기둥의 2개를 오른쪽 기둥으로 옮기면(3번) 됩니다.

즉, $3+1+3=7$(번) 만에 옮길 수 있습니다.

(iii) 원판이 4개일 경우 : 맨 위의 3개를 왼쪽 기둥에 옮긴 다음(7번), 남은 1개를 오른쪽 기둥에 옮기고 (1번), 왼쪽 기둥의 3개를 오른쪽 기둥으로 옮기면(7번) 됩니다.

즉, $7+1+7=15$(번) 만에 옮길 수 있습니다.

같은 방법으로 하면 원판이 5개일 경우에는 $15+1+15=31$(번) 만에 옮길 수 있습니다.

[답] 31번

[풀이] 1mm인 종이의 두께가 1km(=1000000mm)를 넘어야 하고, 한 번 접을 때마다 두께는 2배가 됩니다.

접은 횟수	0	1	2	3	4	5	6	7	8
두께(mm)	1	2	4	8	16	32	64	128	256

접은 횟수	9	10	11	12	13	14	15	16	17
두께(mm)	512	1024	2048	4096	8192	16384	32768	65536	131072

접은 횟수	18	19	20
두께(mm)	262144	524288	1048576

따라서 적어도 20번은 접어야 합니다.

[답] 20번

P.128

[풀이]

(1) 12g=4g+8g

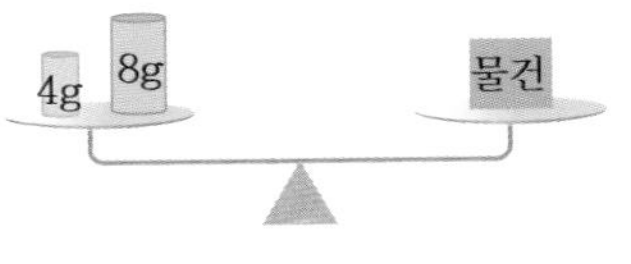

: 4g, 8g 추를 물건의 반대쪽에 올려 저울이 수평이 되게 만듭니다.

40g=8g+32g

: 8g, 32g 추를 물건의 반대쪽에 올려 저울이 수평이 되게 만듭니다.

77g=1g+4g+8g+64g

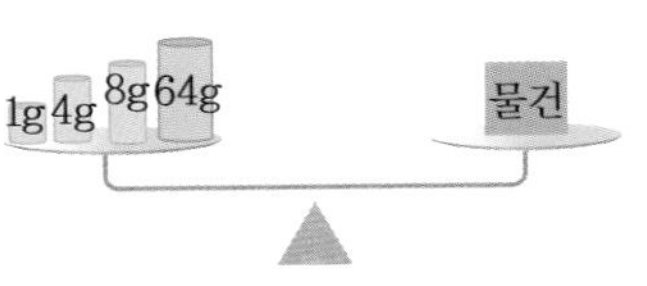

: 1g, 4g, 8g, 64g 추를 물건의 반대쪽에 올려 저울이 수평이 되게 만듭니다.

(2) 12g=3g+9g

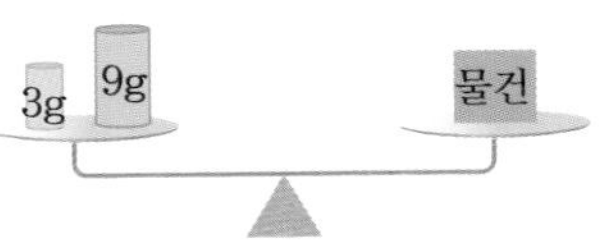

: 3g, 9g 추를 물건의 반대쪽에 올려 저울이 수평이 되게 만듭니다.

40g=1g+3g+9g+27g

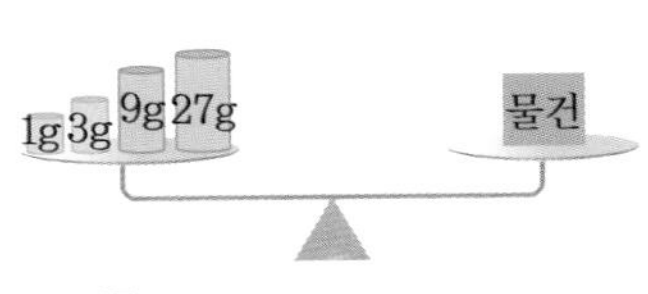

: 1g, 3g, 9g, 27g 추를 물건의 반대쪽에 올려 저울이 수평이 되게 만듭니다.

77g=81g−3g−1g

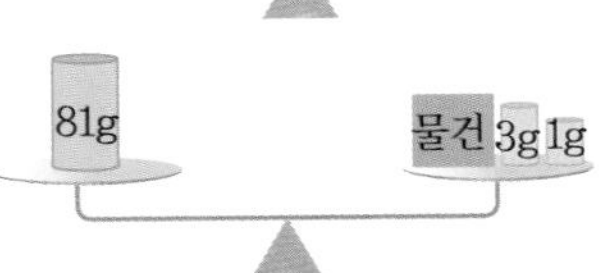

: 1g, 3g 추를 물건과 같은 쪽에, 81g 추를 물건의 반대쪽에 올려 저울이 수평이 되게 만듭니다.

[답] 풀이 참조

[풀이] ① 1L 재는 방법

순서	만드는 방법	남아 있는 물의 양(L)	
		3L 물통	5L 물통
처음		0	0
1	3L 물통에 물을 가득 채웁니다.	3	0
2	3L 물통의 물을 5L 물통에 붓습니다.	0	3
3	3L 물통에 물을 가득 채웁니다.	3	3
4	3L 물통의 물을 5L 물통이 가득 찰 때까지 붓습니다.	1	5

② 2L 재는 방법

순서	만드는 방법	남아 있는 물의 양(L)	
		3L 물통	5L 물통
처음		0	0
1	5L 물통에 물을 가득 채웁니다.	0	5
2	5L 물통의 물을 3L 물통이 가득 찰 때까지 붓습니다.	3	2

③ 4L 재는 방법

순서	만드는 방법	남아 있는 물의 양(L)	
		3L 물통	5L 물통
처음		0	0
1	5L 물통에 물을 가득 채웁니다.	0	5
2	5L 물통의 물을 3L 물통에 붓습니다.	3	2
3	3L 물통의 물을 버리고, 5L 물통에 있는 물을 3L 물통에 붓습니다.	2	0
4	5L 물통에 물을 가득 채웁니다.	2	5
5	5L 물통의 물을 3L 물통이 가득 찰 때까지 붓습니다.	3	4

[답] 풀이 참조

[풀이] (1) 5분짜리와 8분짜리를 동시에 뒤집어서 5분짜리가 다 떨어질 때까지 기다립니다. 5분짜리가 다 떨어지는 순간부터 시간을 재기 시작해서 8분짜리가 다 떨어질 때까지 재면 정확히 3분입니다. 즉, 8－5＝3(분)입니다.

(2) 5분짜리와 8분짜리를 동시에 뒤집습니다. 5분짜리가 다 떨어지면 곧바로 다시 뒤집습니다. 이때까지 8분짜리는 다 떨어지지 않았고, 8분짜리가 다 떨어지는 순간부터 시간을 재기 시작해 5분짜리가 다 떨어질 때까지 재면 정확히 2분입니다.
즉, 5＋5－8＝2(분)입니다.

[답] 풀이 참조

P.130

[풀이] 낮에 6cm 올라가고 밤에 4cm 내려오면 하루에 2cm 올라간 것이 되므로 54cm를 올라가는 데 27일이 걸리고, 마지막 날 낮에 6cm를 올라가면 나무 꼭대기에 도착하게 됩니다.
따라서 28일이 걸립니다.
즉, $\underbrace{(6-4)+(6-4)+\cdots+(6-4)}_{27번}+\underset{\uparrow\ 마지막\ 날}{6}=60$(cm)이므로 $27+1=28$(일)입니다.

[답] 28일

[풀이] 기본 요금인 2km에 4km(=4000m)를 더 간 후 내린 것입니다. 120m씩 33번 더 간다면 $120\times33=3960$(m)를 더 간 것이므로 아직 내리지 않은 상태이고, 120m씩 34번 더 간다면 $120\times34=4080$(m)를 더 간 것이므로 택시 요금은 기본 요금에 $100\times34=3400$(원)이 추가되어 $1900+3400=5300$(원)입니다.
[답] 5300원

P.131

[풀이] 7번 거짓말을 했을 때는 8번 한 결과의 $\frac{1}{2}$이 되고, 6번 거짓말을 했을 때는 7번 한 결과의 $\frac{1}{2}$이 됩니다.
따라서 6번 거짓말을 했을 때의 코의 길이는 $8\div2\div2=2$(m)입니다.

거짓말을 8번 했을 때 : 8m
거짓말을 7번 했을 때 :
거짓말을 6번 했을 때 :

[답] 2m

[풀이]

나이(세)	번 돈
56~60	2억 원
51~55	1억 원
46~50	5천만 원
41~45	2500만 원
⋮	⋮

따라서 이 사람은 41살에서 50살까지 $5000+2500=7500$(만 원)을 벌었습니다.
[답] 7500만 원

Thinking 팩토

P.132

[풀이] 정사각형 1개를 만들 때는 성냥개비가 4개 필요하고, 정사각형이 1개씩 늘어날 때마다 필요한 성냥개비는 3개씩 늘어납니다.

정사각형의 수	1	2	3	…	10
성냥개비의 수	4	7	10	…	?

+3 +3

정사각형이 10개이므로 성냥개비가 3개씩 9번 늘어납니다.
따라서 $4+3\times9=31$(개)의 성냥개비가 필요합니다.
[답] 31개

[풀이] 2월은 일 주일의 한 단위 7의 배수인 28일까지 있으므로 같은 날짜의 2월과 3월의 요일은 같습니다.
지난 달과 이번 달의 13일이 모두 금요일이므로 지난 달은 2월, 이번 달은 3월입니다.
[답] 3월

P.133

[풀이] 1년은 365일 즉, $7\times52+$①일입니다. 그래서 한 해가 지날 때마다 1개 요일씩 밀려나고, 2004년은 윤년이므로 366일($7\times52+$②)까지 있어 2개 요일이 밀려납니다.
[답] 2002년 1월 1일 : 화요일
2003년 1월 1일 : 수요일
2004년 1월 1일 : 목요일
2005년 1월 1일 : 토요일

[풀이] 목각 인형을 형이 만든 후에 동생이 색칠을 할 수 있으므로 동생이 형을 기다리는 시간이 최소가 되게 만들면 다음과 같습니다.

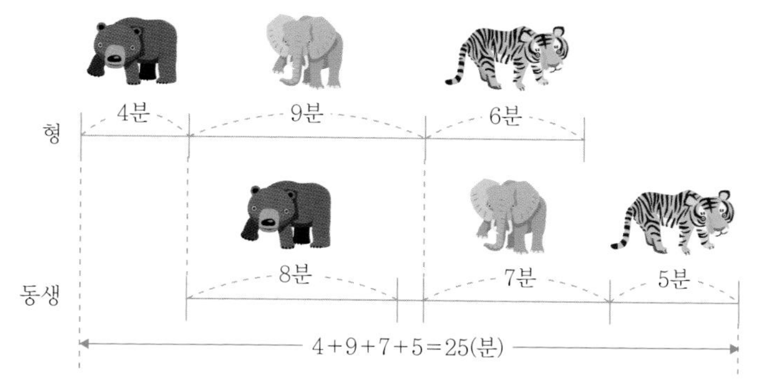

따라서 손님에게 적어도 25분을 기다려 달라고 말해야 합니다.
[답] 25분

P.134

[풀이]

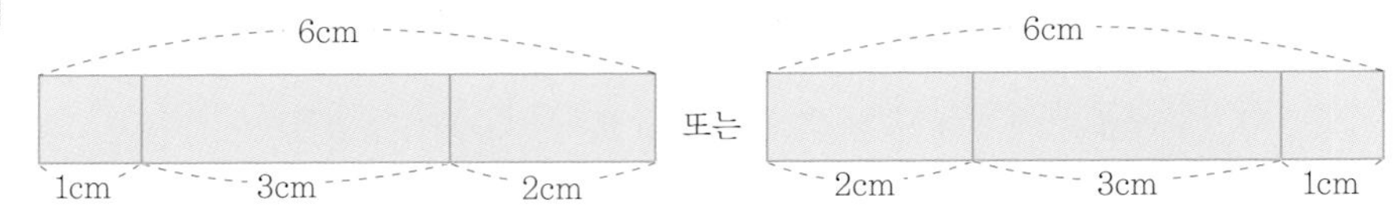

위의 그림과 같이 눈금 2개를 그리면

1cm, 2cm, 3cm, 1+3=4(cm), 3+2=5(cm), 1+2+3=6(cm)를 모두 잴 수 있습니다.

[답] 풀이 참조

[풀이] 가장 윗층부터 개수를 세어 보면 다음과 같습니다.

갑 : 1+4+9+16+25=55(개)

을 : 1+(1+2)+(1+2+3)+(1+2+3+4)+(1+2+3+4+5)+(1+2+3+4+5+6)=56(개)

따라서 을이 갑보다 공을 1개 더 많이 쌓았습니다.

[답] 을

P.135

[풀이] 10장의 종이 앞면과 뒷면에 적힌 쪽 번호를 모두 쓰면 다음과 같습니다.

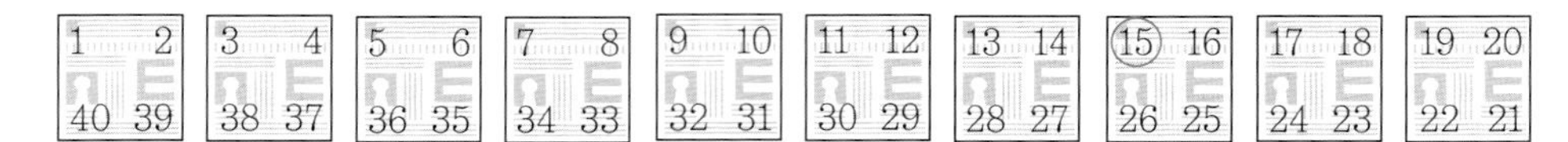

[답] 16쪽, 25쪽, 26쪽

[풀이]

〈처음에 한 마리를 넣었을 때〉

20일 후

19일 후

18일 후

⋮

〈처음에 두 마리를 넣었을 때〉

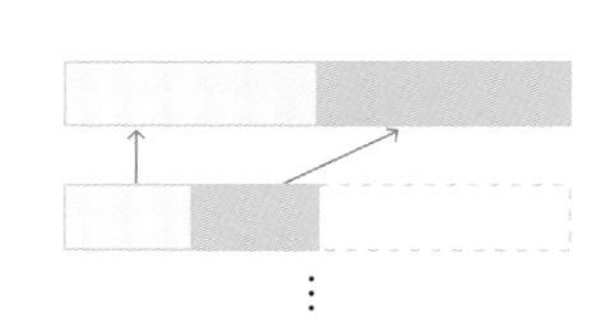

⋮

처음에 한 마리를 넣었을 때는 19일 후 유리병의 절반만큼 차는데, 처음에 두 마리를 넣었을 때는 19일 만에 다른 한 마리가 유리병의 절반을 마저 채워 유리병이 꽉 차게 됩니다.

[답] 19일

팩토는 자유롭게 자신감있게 창의적으로
생각하는 주·니·어·수·학·자입니다.

Free Active Creative Thinking O. Junior mathtian

논리적 사고력과 창의적 문제해결력을 키워 주는

매스티안 교재 활용법!

대상	창의사고력 교재		연산 교재
	팩토슐레 시리즈	팩토 시리즈	원리 연산 소마셈
4~5세	팩토슐레 Math Lv.1 (6권)		
5~6세	팩토슐레 Math Lv.2 (6권)	킨더팩토 A, 킨더팩토 B, 킨더팩토 C, 킨더팩토 D	소마셈 K시리즈 K1~K8
6~7세	팩토슐레 Math Lv.3 (6권)		
7세~초1		키즈 원리A, 탐구A / 키즈 원리B, 탐구B / 키즈 원리C, 탐구C	소마셈 P시리즈 P1~P8
초1~2		Lv.1 원리A, 탐구A / Lv.1 원리B, 탐구B / Lv.1 원리C, 탐구C	소마셈 A시리즈 A1~A8
초2~3		Lv.2 원리A, 탐구A / Lv.2 원리B, 탐구B / Lv.2 원리C, 탐구C	소마셈 B시리즈 B1~B8
초3~4		Lv.3 원리A, 탐구A / Lv.3 원리B, 탐구B / Lv.3 원리C, 탐구C	소마셈 C시리즈 C1~C8
초4~5		Lv.4 기본A, 실전A / Lv.4 기본B, 실전B	소마셈 D시리즈 D1~D6
초5~6		Lv.5 기본A, 실전A / Lv.5 기본B, 실전B	
초6~		Lv.6 기본A, 실전A / Lv.6 기본B, 실전B	